蜜蜂产业 从业指南 丛书

蜜蜂 授粉与蜜粉源植物

◎ 罗术东 李海燕 主编

学习授粉技术 实现增产

中国农业科学技术出版社

图书在版编目(CIP)数据

蜜蜂授粉与蜜粉源植物 / 罗术东，李海燕主编 . —北京：
中国农业科学技术出版社，2014.1
（蜜蜂产业从业指南）
ISBN 978 – 7 – 5116 – 1452 – 0

Ⅰ . ①蜜… Ⅱ . ①罗…②李… ①蜜蜂授粉②蜜粉源植物
Ⅳ . ①S897

中国版本图书馆 CIP 数据核字（2013）第 278847 号

责任编辑	闫庆健　李冠桥　武海龙
责任校对	贾晓红

出 版 者	中国农业科学技术出版社
	北京市中关村南大街 12 号　邮编：100081
电　　话	（010）82106632（编辑室）　（010）82109704（发行部）
	（010）82109709（读者服务部）
传　　真	（010）82106625
网　　址	http://www.castp.cn
经 销 者	各地新华书店
印 刷 者	北京华正印刷有限公司
开　　本	710mm ×1 000mm　1/16
印　　张	10.75
字　　数	198 千字
版　　次	2014 年 1 月第 1 版　2015 年 3 月第 2 次印刷
定　　价	19.00 元

《蜜蜂产业从业指南》丛书
总　序

　　我国是世界第一养蜂大国，也是最早饲养蜜蜂和食用蜂产品的国家之一，具有疆域辽阔，地形多样等特点。我国蜜源植物种类繁多，总面积超过3 000万公顷，一年四季均有植物开花，蜂业巨大潜力待挖掘。作为业界影响力大、权威性强的行业刊物，《中国蜂业》杂志收到大量读者来函来电，热切期望帮助他们推荐一套系统、完善、全面指导他们发展蜂业的丛书。这当中既有养蜂人，也有苦于入行无门的"门外汉"，然而，在如此旺盛的需求背后，市场却难觅此类指导性丛书。在《中国蜂业》喜迎创刊80周年之际，杂志社与中国农业科学技术出版社一起策划出版了这套《蜜蜂产业从业指南》丛书。

　　丛书依托中国农业科学院蜜蜂研究所及《中国蜂业》杂志社的人才和科研资源，在业内专家指导、建议下选定了与读者关系密切的饲养技术、蜂病防治、授粉、蜂产品加工、蜂业维权、蜜蜂经济、蜂疗、蜂文化、小经验九个重点方向。丛书联合了各领域知名专家或学科带头人，他们既有深厚的专业背景，又有一线实战经验，更可贵的是他们那份竭尽心力的精神和化繁为简的能力，让本丛书具有较高的权威性、科学性和可读性。

　　《蜜蜂产业从业指南》丛书的问世，填补了该领域系统性丛书的空白。具有如下特点：一是强调专业针对性，每本书针对一个专业方向、一个技术问题或一个产品领域，主题明确，适应读者的需要；二是强调内容适用性，丛书在编写过程中避免了过多的理论叙述，注重实用、易懂、可操作，文字简练，有助掌握；三是强调知识先进性，丛书中所涉及的技术、工艺和设备都是近年来在实践中得到应用并证明有良好收效的较新资料，杜绝平庸的长篇叙述，突出创新和简便。

我们相信，这套丛书的出版，不仅为广大蜂业爱好者提供了入门教材，同时，也为蜂业工作者提供了一套必备的工具书，我们希望这套丛书成为社会全面、系统了解蜂业的参照，也成为业内外对话交流的基础。

我们自忖学有不足，见识有限，高山仰止，景行行止，恳请业内同仁及广大读者批评指正。

袁杰

2013 年 10 月

前　言

伟大的科学家爱因斯坦曾预言："如果蜜蜂从地球上消失，人类最多存活四年。没有蜜蜂，就没有授粉，没有植物，没有动物，没有人类……"他的预言揭示了一个道理：蜜蜂在大自然中的地位和作用不可忽视、不可替代！

《自然》杂志在公布了蜜蜂全基因组序列的同时，提出了"如果没有蜜蜂授粉，整个生态系统将会崩溃"的论断。在我国，朱德委员长20世纪60年代初曾指出"发展养蜂业将成为农业增产除'八字宪法'以外的又一条重要途径"，阐述了蜜蜂授粉在我国农业生产中的重要地位；进入21世纪，国家领导人再一次从践行科学发展观的高度对蜜蜂授粉进行了明确批示。蜜蜂授粉对农业生产的丰收和生态系统的维护具有重要的意义。

本书从授粉的类型和授粉媒介的多样性谈起，进而指出蜜蜂授粉对于整个生态系统和农业生产体系的重要性和必然性。书中详细介绍了几种主要授粉蜂及其生活习性，编者还结合自身多年的实践经验，参考国内外的蜂群管理和授粉实践，总结了大田和设施农业蜜蜂授粉配套技术，并列举了部分授粉蜂的授粉应用实例。文中部分新的观点和结论是编者及其所在团队多年来实践经验的总结，对于生产实践和理论探索具有一定的参考意义。最后，编者还对国内重要的蜜粉源、辅助蜜粉源和有毒蜜粉源植物做了简要的介绍。

对参考和被引用的有关资料的作者以及成书过程中给予支持和帮助的各界人士，一并致以诚挚的谢意。由于作者学识水平和实践经验，书中错误和欠妥之处在所难免，恳请读者随时批评指正，以便今后修改、增删，使之日臻完善。

特别注明，因有些联络地址不详，作者对被引用了图片而没有取得联系的国内外网站和个人表示歉意和感谢。

编　者
2013 年 8 月

目　　录

第一章

授粉昆虫在生态系统中的重要地位

植物是自然界中主要的生命形态之一，包含了乔木、灌木、藤类、青草、蕨类、地衣及绿藻等熟悉的生物。据估计，现存大约有 350 000 个物种。距今二十五亿年前（元古代），地球史上最早出现的植物属于菌类和藻类，其后藻类一度非常繁盛。直到四亿三千八百万年前（志留纪），绿藻摆脱了水域环境的束缚，首次登陆大地，进化为蕨类植物，为大地首次添上绿装。三亿六千万年前（石炭纪），蕨类植物绝种，代之而起是石松类、楔叶类、真蕨类和种子蕨类，形成沼泽森林。古生代盛产的主要植物于二亿四千八百万年前（三叠纪）几乎全部灭绝，而裸子植物开始兴起，进化出花粉管，并完全摆脱对水的依赖，形成茂密的森林。在距今一亿四千万年前白垩纪开始的时候，更新、更进步的被子植物就已经从某种裸子植物当中分化出来。进入新生代以后，由于地球环境由中生代的全球均一性热带、亚热带气候逐渐变成在中、高纬度地区四季分明的多样化气候，蕨类植物因适应性的欠缺，进一步衰落，裸子植物也因适应性的局限而开始走上了下坡路。这时，被子植物在遗传、发育的许多过程中以及茎叶等结构上的进步性，尤其是它们在花这个繁殖器官上所表现出的巨大进步性发挥了作用，使它们能够通过本身的遗传变异去适应那些变得严酷的环境条件，反而发展得更快，分化出更多类型，到现代已经有了 90 多个目、200 多个科。正是被子植物的花开花落，才把四季分明的新生代地球装点得分外美丽。

第一节　授粉类型与授粉媒介的多样性

植物的繁衍方式不外乎两种，即有性繁殖和无性繁殖。植物的无性繁殖是指不经生殖细胞结合的受精过程，由母体的一部分直接产生子代的繁殖方式。而由亲本产生的有性生殖细胞（配子），经过两性生殖细胞（例如，精子和卵细胞）的结合，成为受精卵，再由受精卵发育成为新的个体的生殖方式就是有性繁殖，又称种子繁殖，是植物繁衍的一种重要方式。

在植物的有性繁殖过程中，花是重要的繁殖器官，其中，有雄蕊和雌蕊。雄蕊是花的雄性器官，不同植物雄蕊的数目和排列方式不相同，每个雄蕊有一细长的丝状柄，顶端有一个囊状的花药，里面产生花粉粒，总称为花粉。花药里的花粉成熟时，花药皮开裂，以不同的方式把花粉释放出来。然后，不同植物通过不同的授粉媒介和授粉方式将成熟的花粉传递到雌蕊柱头上，在柱头分泌物的刺激下吸水萌发，形成花粉管。萌发的花粉管沿着花柱内的引导组织伸长，最后进入胚囊，花粉管顶端破裂，释放出细胞质、营养核和两个精核一起流入胚囊，两个精核分别与卵细胞和极核相融合，完成植物的受精，并最终发育成果实和种子。受精过程是植物有性繁殖过程中最重要的一个组成部分。

在植物的受精过程中，雌配子——卵细胞是产生在胚囊里的，胚囊又深埋在子房以内的胚珠里，要完成全部有性繁殖的过程，第一步就是必须使产生的雄配子——精细胞的花粉和胚珠接近，而通过其他媒介来授粉的行为就起到了这样的作用。因此，授粉在植物的有性繁殖过程中起到了至关重要的作用。

授粉是高等维管植物的特有现象，成熟花粉从雄蕊花药或小孢子囊中散出后，借助一定的媒介力量被传到雌蕊柱头或胚珠上的过程就称为授粉。授粉作用一般有两种形式，即自花授粉（self-pollination）和异花授粉（cross pollination）。

一、授粉的类型

1. 自花授粉

成熟花粉由花粉囊散出后落在同一朵花柱头上的授粉方式，称为自花授粉。自花授粉的植物和花，具有适应自花授粉的结构和生理特征，如花两性、雄蕊的花粉囊和雌蕊的胚囊同时成熟，雌蕊的柱头对于本花的花粉萌发及花粉管中雄配子的发育没有任何生理阻碍等。自花授粉是比较原始的授粉方式，长期自花授粉产生的后代生活力会逐渐衰退。自然界中自花授粉的植物比较少。如花生、燕麦、小麦、水稻和豌豆等。

但实际应用中自花授粉的涵义常被扩大，农作物的同株异花间的授粉、果树栽培上的同品种异株间的授粉，也称为自花授粉。最典型的自花授粉为闭花受精。如豌豆、大麦和花生植株下部花。闭花受精是在花朵未开放，其成熟花粉粒在花粉囊内萌发，花粉管穿出花粉囊，伸向柱头，进入子房，把精子送入胚囊，完成受精。闭花受精是对环境条件不适于开花授粉时的一种合理的适应现象。长期连续自花授粉，往往导致植株变矮，结实率降低，抗逆性变弱；栽培植物则表现出产量降低，品质变差，抗不良环境能力衰减，甚至失去栽培价值。

尽管自花授粉有害，是一种原始的授粉方式，然而自然界中仍有不少自花授粉植物。这是因为当缺乏必要的异花授粉条件时，自花授粉则成为保证植物繁衍的特殊形式而被保存下来。何况在自然界里很难找到绝对自花授粉的植物，如棉花、高粱以自花授粉为主，但也有 5% 左右的花进行异花授粉。

然而，自花授粉过程十分容易受到环境条件的影响，例如，在没有风的情况下，依靠风传播花粉的植物就无法授粉，依靠雨水授粉的植物在没有雨水的环境下也无法完成授粉过程。为了适应这些苛刻的条件，一些特定的植物中出现了一些独特的自花授粉方式。在此，我们将重点介绍两种最近几年新发现的独特的自花授粉机制——花粉滑动授粉和花药自发授粉。

（1）花粉滑动授粉

如果说自花授粉是植物对缺乏异花授粉条件时的一种适应，那么在干旱无风或环境过于潮湿而无法实现花粉向柱头传递过程的情况下，某些植物为了生存下来，就必须做一些适应的调整。花粉滑动自花授粉就是其中的一种，这种授粉机制也是达尔文提出的"适者生存法则"的生动演绎。

2004 年，我国科学家首次发现黄花大苞姜的授粉过程非常独特，是一种全新的所谓"花粉滑动自花授粉"。黄花大苞姜是我国特有的姜科多年生宿根草本植物，主要分布在华南的广东和广西，通常生长在高度潮湿的林内石壁或山沟瀑布边石壁上。花果期为 5~8 月，花期内，通常每天每花序只开一朵花，酷似兰花的黄色花朵在自然状态下开放 2 天，花在第二天 15:00以后开始凋谢。每天早上 6:00~6:30，黄花大苞姜的花即开放，花药的花粉囊同时开裂。花粉囊刚开裂时，油质黏液浆状的花粉从花粉囊溢出成球形，然后很快铺满于花药面，并慢慢流向柱头，大约在当天 15:00 开始到第二天早上 07:30，花粉陆续流到柱头的喇叭口，实现自花授粉。

黄花大苞姜授粉方式是植物有性繁殖系统对高湿度、无风和少昆虫环境的适应。黄花大苞姜在花的形态和开花特征上都有所变化，以适应这种花粉流动的自花授粉机制。黄花大苞姜花粉成油质黏液浆状，由黏丝连接成链珠状。花粉粒表面光滑并延长成长椭球形。柱头呈扁喇叭形，其中，与花药紧贴面凹陷，较其他地方位置低，有助于花粉浆团流入其中。柱头上和花药面均长有毛，朝向柱头方向，有助于引导花粉浆团流向柱头。

（2）花药自发授粉

2006 年，中国科学家首次发现了大根槽舌兰独特的花药自花授粉，是一种新颖的、完全由雄性花药主动运动而不借助于任何外部传递媒介将花粉送入雌蕊柱头空腔中完成的自花授粉机制。大根槽舌兰是兰科槽舌兰属的一种观赏价值很高的兰花，原生于云南地区，其所处环境在开花季节非常干旱、无风、昆虫稀少。

研究者通过连续数年的观察和分析研究表明，大根槽舌兰这种授粉机制恒定地发生于所有植株和花朵而且只发生于同一花朵。这种授粉方式承担了大根槽舌兰的全部繁殖任务——该物种没有其他的自花或异花授粉机制；这种机制导致的是两性配子融合的有性繁殖，而不是无性繁殖。

当大根槽舌兰的花完全开放，原本覆盖在花粉囊上的帽状部分向上打开并脱落，露出其下的两条雄蕊。当雄蕊以及其上的花粉团暴露在空气中后，其中一条便向下弯曲再向前伸出，越过蕊喙。随后雄蕊向下弯曲，再向后折回，花粉团处于蕊喙的下方，此时，雄蕊已经绕行了 270°。当雄蕊最终再次向上弯曲，将花粉团送入蕊喙底部的柱头空腔时，雄蕊已经绕行了整整 360°。然后柱头空腔的小孔将闭合，雄蕊将一直保持这样的"环形"，直至受精卵形成，子房膨大，整个过程持续 15 ~ 30 分钟。据统计，几乎所有完成整个授粉过程的花最终都能结果。这是一种全新的主动交尾式的自花授粉机制，其授粉过程完全是由雄性花药主动转动而不借助于任何外部传递媒介来完成的自花授粉机制。

为什么大根槽舌兰会有这种自花授粉机制？一方面，大根槽舌兰具有异花授粉的结构，如盛花蜜的距（用于吸引授粉昆虫）等，但它已经退化，不再分泌花蜜或散发气味；另一方面，大根槽舌兰的生长环境在开花季节非常干旱、无风、昆虫稀少，研究者们未观察到任何昆虫或风为大根槽舌兰授粉。这说明大根槽舌兰曾经有异花授粉，但在长期的进化中演化出目前的主动交尾式的自花授粉机制，以适应干旱没有传媒昆虫的环境，保障自身的繁衍成功。

2. 异花授粉

一朵花的花粉被传送到同一植株或不同植株的另一朵花的柱头上的授粉

方式，称为异花授粉。它可发生在同一株植物的各花之间，也可发生在同一品种或同种内的不同品种植株之间，如玉米、油菜、向日葵、梨、苹果、瓜类等。从生物学意义上讲，异花授粉比自花授粉优越，是一种进化的方式。异花授粉植物的雌配子和雄配子是在差别较大的生活条件下形成的，其遗传性差异较大，经结合产生的后代，具有较强的生活力和适应性，其植株强壮，开花多，结实率高，抗逆性强。

异花授粉的植物和花，具备一些适应异花授粉，不利自花授粉的结构和生理特征，包括：花单性且雌雄异株，或花虽两性，但雌、雄蕊不同时成熟；雌、雄蕊异长或异位；花粉落在本花的柱头上不能萌发或不能完全发育等。与自花授粉相比，异花授粉是一种进化的方式，能提高后代的生活力和建立新的遗传性，对植物的种族繁衍有利。

植物从自花授粉至异花授粉是进化的一种趋势，但事物总是一分为二的。异花授粉虽然对后代有益，但往往受到自然条件的限制，如遇低温、久雨不晴、大风或暴雨等，无论对风媒或虫媒授粉都会造成不利的影响；或者雌雄蕊异熟相差较远，造成所谓花期不遇，减少授粉的机会，影响结实。然而在自然界中，仍有不少自花授粉的植物存在，这是因为在不存在异花授粉的条件下，仍能进行自花授粉，这对某些植物仍是有利的。异花授粉植物和自花授粉植物的划分也并非绝对的。前者在条件不具备时可以进行自花授粉；而后者在一定条件下，也可以进行异花授粉。如棉花以自花授粉为主（自交率达60%～70%），但也有部分花朵（30%～40%）进行异花授粉。所以，棉花又被称为常异花授粉植物。水稻是自花授粉植物，也仍有1%～5%的花朵是进行异花授粉的。虫媒花的划分也不是绝对的。有些本为风媒花植物，后由于昆虫增多等环境条件的改变，演化为虫媒花植物，如杨柳属植物；有些原为虫媒花植物，后因授粉昆虫的减少或生态环境的改变，演化为风媒花植物。所以，植物的授粉方式的演化与环境条件也有着密切的关系。

植物进行异花授粉，必须依靠各种外力的帮助。在长期的进化过程中，植物的授粉形成了多种媒介，具有高度的适应性。人们通常从两个方面来阐述授粉媒介，一个是非生物媒介，另一个是生物媒介。其中，风和昆虫是两种最普遍的传播媒介。下面将重点介绍几种主要的非生物媒介和生物媒介。

二、授粉的媒介

有花植物的一般授粉方式分为非生物媒介授粉和生物媒介授粉两大类。

在生物媒介授粉过程中，植物为了得到授粉媒介的帮助，常常会利用一些手段来诱骗它们。例如，生长出颜色鲜艳的花瓣，散发出授粉动物喜好的气味，而这些植物则分泌出相应的报酬物——花粉或花蜜来回报授粉者的授粉行为。生物媒介授粉的一个突出的特点是在授粉的过程中，除植物本身外，还有授粉动物的介入。非生物媒介授粉是一种常见的植物授粉方式。这种授粉方式不需要给予动物报酬，是一种比较经济的授粉方式。非生物媒介授粉主要包括风媒、水媒和雨媒，它们的共同特点是花粉的传播是随机的，缺乏方向性。

1. 非生物媒介

（1）风媒

以风作为授粉的媒介，称为风媒，是非生物授粉的最重要类型。在禾本科和莎草科等植物科中，风媒尤其普遍，如玉米、水稻等，他们几乎不需要其他的授粉昆虫的参与；多数裸子植物和木本植物中的栎、杨、桦木等都是风媒的。

风媒花植物的花一般具有以下共同的特点：花被不发达，也不美丽，没有蜜腺和气味，花粉粒不组成团块，也不具附着的特性，而且较小，容易被风传送，使距离在数百米以外的雌花能够受精是极其普通的现象，这些花粉能生存几天到几周。

风媒植物的花朵数量多，常排列成葇荑花序或穗状花序。当微风吹过，花药摇动就把花粉散布到空气中去。它们的花粉粒一般小而干燥，表面光滑，重量极轻，便于远距离传播。另外，花柱头大，分枝，粗糙具毛，常暴露在外，适于借风授粉。有的柱头上还分泌出黏液，便于黏住飞来的花粉。一般认为风媒授粉是比虫媒授粉更具有原始性的授粉方式。

（2）水媒

以水作为授粉的媒介，称为水媒。水媒花的花粉有耐水力，例如，驴蹄草在下雨时，开放中的花能积蓄雨水，使其花药与柱头漂浮在同一水平，这样花粉可以通过水表漂移到柱头上实现自花授粉。水媒有两种情况：一种是水下授粉，一种是水上授粉。前者又有雄花、雌花都在水中，花粉于水中扩散授粉的类型（如金鱼藻属）和雌花在水底附近靠花粉下沉而授粉的类型（如茨藻属）。后者是花粉或雄花在水面上漂浮而授粉的类型（如伊乐藻属、黑藻属、苦草属等植物），例如，苦草雌雄异株，终生沉在水中，雄花靠近水底。当雄花成熟后，便从花梗脱落，漂浮到水上开花，雌花的花蕾则由长长的花柄送到水面，当漂浮的雄花遇到雌花时就可授粉。授粉后，花柄卷曲螺旋，把花拉到水底，进一步发育成果实和种子。水中开花的茨藻情况就不同了：雌雄同株，雄花位于雌花上方，花粉成熟后，正好落在下面的雌蕊柱头上。

（3）雨媒

除上述两种情况外，还有雨媒花，下雨时花不关闭，借雨水流动而实现授粉的过程。1950年，科学家曾在法罗群岛观察到几种植物用雨水作为授粉媒介的现象。从此，"雨媒"作为一种授粉方式被记录和广泛提及，并被认为是由于授粉昆虫缺乏而产生的一种繁殖保障机制。然而，此后的普遍观点认为，雨水对虫媒植物的授粉非常不利，一些学者对"雨媒"授粉形式的真实性也提出了质疑。此后的研究都否定了雨水授粉的真实性。然而，我国科学家前不久却发现了一种名叫多花脆兰的植物是有花植物中第一例真正意义上的"雨媒"植物。该发现回答了学术界一直以来对"雨媒"这一授粉形式是否存在的质疑。

2012年，中国科学院西双版纳热带植物园的范旭丽等科研人员发现，附生兰科植物多花脆兰的雨水授粉机制不同于兰科植物中已知的自交机制。他们发现，在长期的进化过程中，多花脆兰出现了适应雨水授粉的花部特征，如花序直立、花朵交叉排列、向上开放，花瓣肉质厚实有弹性，特殊的合蕊柱结构等。这些特征使得它在雨滴打击下，能够将花粉团翻绕270°，越过蕊喙，直接落入柱头窝，完成自花授粉。同时，研究小组通过对雨后的调查发现，花粉块的移除率和沉降率分别高达72%和60%；在对野外17个不同地点95个花序人工遮雨处理后，该植物平均结果率仅为（3.47±0.78)%，显著低于同期对照的自然结果率（24.88±1.37)%，这表明雨水授粉对多花脆兰的结实起着重要作用。

2. 生物媒介

在有性繁殖中有一部分是风媒花植物，如玉米、水稻等，他们几乎不需要其他的授粉昆虫的参与。但相当大的一部分植物靠动物媒介传递花粉来完成授粉受精过程，如大多数果树、瓜类，部分蔬菜、牧草、油料作物等。动物授粉指以昆虫、蜗牛、鸟、蝙蝠和猴类等为媒介进行授粉的现象。昆虫是被子植物授粉的主要媒介，有花植物在植物界如此繁荣，与花的结构和昆虫授粉是分不开的。

世界上与人类食品密切相关的大部分农作物属虫媒植物，作物通过昆虫授粉可以提高产量，改善果实品质，提高后代的生活力。古往今来，诸多的科学试验和生产实践表明，如果没有昆虫授粉，许多农作物的产量将锐减甚至会造成颗粒无收的局面，可见昆虫授粉在植物繁衍过程中起着十分关键的作用。

一般而言，凡能在植物花间飞舞采访，由一朵花到另一朵花并完成授粉过程的昆虫统称为授粉昆虫，或称为喜花昆虫或访花昆虫。

（1）蜂媒

在众多的授粉媒介中，膜翅目蜜蜂总科昆虫是自然界中最重要的授粉者，大约有 2 万种蜂可以访花采蜜。为了采集花蜜和花粉等食物，蜜蜂形成了许多特化器官和特殊行为，使其成为了理想的授粉昆虫，保证了种子植物能够不断繁衍，并实现基因的漂移和转移，保证了植物遗传多样性的形成。在蜜蜂采蜜时，它们的口器、体毛和躯体上的其他附属物，特别是背和足最易沾上花粉。蜂媒花的花瓣鲜艳，蜜腺明显，花上常有某种"登陆台"，便于蜂的着落。达尔文在 1838 年便指出异花授粉的重要性，因为杂交是保持物种稳定和生物遗传多样性所必需的，1876 年时，达尔文进一步指出蜜蜂和植物是通过自然选择和不断进化而形成相互适应的关系。

（2）蝴蝶媒

蝴蝶喜阳，并在取食的时候喜欢停住不动。它们具有细长的喙，能感知很宽光谱的颜色，并且有很好的嗅觉。马鞭草属、马缨丹属、红颉草属、乳草属及菊科植物的平顶花序是蝴蝶授粉的典型例子。

（3）鸟媒

食蜜鸟是高度特化的鸟，它们几乎不取食任何其他食物。全球大约有 2 000 种鸟可以为一些特定的植物授粉。最大的是燕八哥、画眉和乌鸦，最小的是蜂鸟。据统计，1 只蜂鸟在 6.5 小时内可采访 1 311 朵花。美洲小蜂鸟是紫葳藤和美国凌霄花的授粉者，而南非的太阳鸟则可以为鹤望兰授粉。此外，倒挂金钟、西番莲、桉树、木槿、仙人掌和一些兰科植物也常常依靠鸟来授粉。

（4）蝇媒

蝇类的食物一般都是腐肉、动物粪便或者真菌。这些昆虫主要是受花或者花序气味的吸引，其中，一些是在寻找食物，另一些则是在寻找产卵地点；它们被花的气味"欺骗"，以为找到合适的猎物，进入花后很快就会发现受到愚弄，然后飞走。例如，大花草科中的大花草（又名大王花）是一种肉质寄生草本，大花草全株无叶、无茎、无根，一生只开 1 朵花，且花期只有 4 天，开花期间散发出烂鱼腐肉般的腐败气味，招来许多逐臭蝇类舔食花粉，同时也为雌雄异株的大花草传了粉。

（5）蚂蚁媒

蚂蚁授粉的花一般都很小、无柄，并贴近地面，表现出最小限度的视觉吸引力。同时，这类授粉植物的蜜腺也很小，花蜜产量也很低，以至于其他较大的昆虫不屑一顾。蚂蚁的这种授粉综合征出现在干热的环境条件下。如澳大利亚西部一种营寄生生活的兰花主要靠白蚁来为它授粉。

（6）胡蜂媒

胡蜂是一个很大并且高度多样化的类群，成虫一般都是捕食者，或者以腐肉为食物；但对它们来说，花蜜也是重要的能量来源。作为授粉者，它不能与蜜蜂相比，事实上，由于胡蜂易攻击蜜蜂、蝴蝶等，它们对其他授粉者造成了很强的负面影响。榕小蜂科昆虫是一类栖息于榕属植物隐头花序中并与榕树种子形成密切相关的授粉昆虫。最初榕小蜂从榕树获得食物建立起原始的生态关系，在以后的演化过程中榕树花序的逐步特化仅为某一种榕小蜂提供繁衍栖息的场所并依赖其授粉，至今已构成了不可互缺专一性的生态关系。Galil 等研究发现哥斯达黎加的 2 种榕小蜂有装载花粉，主动授粉的行为；我国西双版纳的聚果榕小蜂有标记瘿花柱头，抢占繁殖资源的行为。

（7）蛾媒

蛾类是靠视觉和嗅觉来进行访花觅食的。典型的蛾媒花是白色的，傍晚之后散发浓郁的芬芳气味和甜味以吸引夜间飞行的蛾，如烟草属中几种植物的花就是这样的。另一些蛾媒花虽然不是白色，但在黑暗背景下能显示出其颜色来，如黄花月见草和桃色孤挺花。以蛾类为媒介的花，蜜腺通常长在细长花冠筒或距的基部，只有它们细长的口器才能伸进去探到，从而完成授粉的过程。

（8）蝙蝠媒

蝙蝠常常停留在花朵上捕捉昆虫，或者在啃食花瓣而来回飞翔时，就起了传播花粉的媒介作用。在美国西南部有 130 多种植物完全依靠蝙蝠来授粉受精、繁殖后代。这类植物被称为蝙爱植物。蝙蝠授粉的花很大，雄蕊很多，如一种叫"猴面包"的植物的每朵花就有 1 500 ~ 2 000 个雄蕊。同时，这一类植物的花具有大量花蜜。如轻木属植物每朵花可产 1.5 毫升的花蜜。蝙蝠是在夜间寻食，而这类花多在夜间开放，虽然花色并不鲜艳，不能吸引蝙蝠的来访，但其散发出来的强烈霉味或具果实的味道可以吸引蝙蝠。蝙蝠通过嗅觉访花，当它舔花蜜或吃花粉时，花粉便粘在毛皮上，在拜访下一朵花的时候就起到授粉的作用。蝙蝠授粉的植物有吉贝、猴面包、电灯花等，其中以龙舌兰最具代表性。

（9）甲虫媒

最早的授粉媒介是白垩纪的甲虫。现今也有许多被子植物依靠甲虫授粉，它们有的花大、单生，如木兰、百合、芒果和野玫瑰等；有些花小，聚集成花序，如接骨木属和绣线菊属等。甲虫的嗅觉比较灵敏，它们授粉的花一般为白色或阴暗色调，常有果实味、香味或类似发酵腐烂的臭味，这些气味与蜂、蛾和蝴蝶授粉的花的气味不同；有些花能分泌花蜜。有些甲虫常直接咬花瓣、叶枕或花的其他部分，也能吃花粉。因此，甲虫授粉的花，胚珠多深埋在子房深处，以避免甲虫咀咬，这也是长期自然选择的结果。

此外，蜗牛、壁虎、负鼠、狐猴和丛猴等也有授粉作用。如在万年青属、海芋属和金腰子属等植物上，蜗牛和蛞蝓在其上爬行时就可以传播花粉；新西兰的一种亚麻靠壁虎为其授粉；澳大利亚的负鼠为龙眼科植物授粉；灵长类动物也有授粉作用。由于脊椎动物食性杂，除了采集花粉、花蜜外，也采食果实、种子，这是脊椎动物与无脊椎动物授粉的区别。

第二节　授粉昆虫在生态系统中的重要地位

植物和昆虫在生态系统中各自扮演着重要的角色，在数千万年的历史进程中彼此形成了协同进化的关系。对于开花植物和授粉昆虫更是如此。一方面，开花植物为授粉昆虫提供食物来源与生存环境，影响昆虫的地理分布和对食物的选择，植物的多样性对昆虫具有生态保护的作用；另一方面，授粉昆虫对植物多样性的维持同样具有重要的作用。因此，授粉昆虫的生存和发展依赖于植物及其提供的生境，一旦开花植物受到破坏，其食物来源必将受到威胁，以花蜜或花粉为食物来源的授粉昆虫种群数必将锐减，有些物种甚至面临灭绝的危机。

实际上，大多数开花植物只在授粉媒介将花粉从其他花朵带到它们的花朵柱头上的情况下才结籽。没有这一活动，一个生态系统中的许多互相关联的物种和发挥功能作用的步骤就会丧失。就20多万种依赖于授粉的开花植物而言，授粉这一过程对全面保持生物多样性来说至关重要。所有种类的开花植物中，大约有80%是专门由动物，主要是由昆虫授粉。

授粉媒介和授粉系统的多样性是令人惊讶的。2万多种蜜蜂（膜翅目：蜜蜂科）中的大多数都是有效的授粉媒介，与蛾、蝇、黄蜂、甲虫和蝴蝶构成了授粉物种的主体。脊椎动物授粉媒介包括蝙蝠、非飞行哺乳动物（几种猴子、啮齿动物、狐猴、树松鼠、尖吻浣熊和蜜熊）和鸟类（蜂雀、太阳鸟、蜜旋木雀和一些种类的鹦鹉）。目前，对授粉过程的了解表明，虽然植物与其授粉媒介之间存在着有趣的特殊关系，但健康的授粉服务是通过大量的多种多样的授粉媒介而得到最佳保障的。

一、授粉昆虫的重要性

1. 授粉昆虫对农业生物多样性的维持至关重要

农业生物多样性是指与食物及农业生产相关的所有生物的总称。它包括农业生物遗传多样性、农业生物物种多样性、农业生物生态系统多样性以及农地景观多样性等，但通常被理解为作物遗传资源。农业可持续发展的立足点是农业生物多样性，物种和遗传多样性为农业提供了适应变化和维持生产的能力，农业生态系统多样性为农业提供了可持续发展的条件。其中，授粉是维持与提升生物多样性的重要生态过程。授粉昆虫在授粉过程中，往往会对同一朵花进行多次拜访，这样多次拜访的结果就会造成多次重复授粉的结果，最终使得花朵受精的可能性增加；而人工授粉或别的方式一般只会进行一次，授粉用的雄花上的花粉或者激素在多样性上显然比较单一，因而，受精的机会相对较少。

农业生态系统有着对农业生产力和可持续性做出贡献的许多各种各样的其他生物。其中就有授粉媒介，它们将花粉从植物的雄性部分带到雌性部分，从而保证结出果实或种子。越来越多的证据表明，在过去的一百年中，由于气候变化、化学农药的施用和授粉昆虫生存环境的变化等诸多因素的影响，授粉媒介的数量和种类正在大量减少。然而，值得欣慰的是，在过去的十年中，国际社会越来越认识到了授粉媒介作为支持人类生活的农业多样性的一部分所具有的重要性，因为只有通过更好地保护和管理授粉媒介，才能保持和增加园艺作物、种子和牧草的产量，这样对于健康、营养、粮食安全和增加贫困农民的农业收入来说，同样也是至关重要的。因此，相当一部分保护授粉者的国际行动也正在紧锣密鼓的进行着。

2. 授粉昆虫在自然保护区的建设及生态恢复中具有重要的作用

自然保护区的建设以及生态恢复工作也越来越多地涉及授粉昆虫和植物

的相互作用和关系，尤其是先锋物种、优势物种和关键物种的授粉生物学研究。张金菊等对片段化生境中濒危植物黄梅秤锤树的开花生物学和繁育系统研究发现，该植物的主要授粉昆虫为中华蜜蜂和中华回条蜂，这两种昆虫对黄梅秤锤树的繁殖具有重要的意义。而 Borges 等对巴西大西洋热带雨林中的巴西红木的授粉生物学进行了研究，发现除外来物种意蜂外，蜜蜂总科下的两个属——木蜂属和 Centris 也是该植物的主要授粉昆虫。但外来种意蜂会使自花授粉的可能性增加，杂交授粉的比率下降，因而，本地野生蜜蜂对巴西红木的繁衍具有重要意义。

3. 授粉昆虫对高寒荒漠地区植被的维持具有重要作用

蜜蜂的另一重要性体现在野生蜜蜂对高寒荒漠地区植被的影响。在高原、荒漠等寒冷干旱地区，物种丰度和多度都相对较低，访花昆虫的种类亦有限，野生蜜蜂对这些地区显花植物的杂交优势的保持和有性繁殖的实现，往往具有不可替代的作用。如苏氏熊蜂是麻花艽唯一有效稳定的授粉者，能保证其在极端寒旱的高原环境下实现有性繁殖。塔落岩黄芪是优良的栽培牧草，主要分布于我国西北地区的温带典型草原，荒漠化草原和丘陵沙地草场，具有防风固沙、保持水土的作用，对恢复和维持生态系统平衡具有重要作用。但是塔落岩黄芪的自交率很低，必须依靠授粉昆虫授粉才能结果。而对蜜蜂访问频率、花粉移出率和柱头花粉沉降率等观测分析认为白脸条蜂是塔落岩黄芪最有效的授粉蜂。

4. 授粉昆虫对热带地区和山区的生态系统维持具有重要作用

在热带地区和山区，开花植物对动物授粉的依赖度更高。热带地区的生态系统对动物授粉的依赖度比全球的平均水平要高：在所有热带低地植物中，依靠风来授粉的开花植物不到3%。在中美洲的热带森林，昆虫可为95%的冠层树木授粉，脊椎动物（蝙蝠和种类繁多的其他脊椎动物）可为20%~25%的次冠层和林下植物授粉，而昆虫可授粉的比率在50%左右。干旱地区和山区的生态系统通常也有很多不同种类的授粉媒介，其适应性略有调整，从而确保即使气候条件变化无常也能有效地授粉。

世界上的热带地区不仅更依赖于授粉动物，而且对失去授粉媒介可能也更加敏感。一个国际工作小组表示，在植物多样性很强的地区，植物特别有可能受害于授粉率和繁殖成功率的下降，而这种下降可能是因为这些多种多样的生态系统中对授粉媒介激烈竞争的结果。其中，包括南美洲和东南亚森林以及南非的高山硬叶灌木。

二、蜜蜂是自然界中最主要的授粉昆虫

在众多的授粉昆虫中，膜翅目蜜蜂总科昆虫是自然界中最重要的授粉者。为了采集花蜜和花粉等食物，蜜蜂形成了许多特化器官和特殊行为，使其成为了理想的授粉昆虫，保证了种子植物能够不断繁衍，并实现基因的漂移和转移，保证了植物遗传多样性的形成。

伟大的科学家爱因斯坦也曾经预言："如果蜜蜂从地球上消失，人类最多存活四年。没有蜜蜂，就没有授粉，没有植物，没有动物，没有人类……"他的预言揭示了一个道理：蜜蜂在大自然中的地位和作用不可忽视，且具有不可替代性。2006年，《自然》公布了蜜蜂基因组序列测序完成的报道，同时提出："如果没有蜜蜂授粉及其授粉行为，整个生态系统将会崩溃"。因此，作为主要授粉昆虫的蜜蜂，其授粉对农业生产和生态系统的维护具有重要的意义。

利用蜜蜂为农作物授粉，不仅可以增加作物的产量，更为重要的是可以改变果实和种子品质，增加种子后代的抗逆性和生活力，因此，蜜蜂对生态环境的改善也具有重要的意义。究其原因，这与蜜蜂的形态结构和独特的生物学特性密切相关。

1. 蜜蜂具有与授粉相适应的形态结构

我们知道，蜜蜂在长期的进化过程中，具有更多的适用于授粉的形态结构。如蜜蜂的喙较长，能够适应诸多植物花朵花蜜的采集；蜜蜂周身密布绒毛，尤其是头、胸部的绒毛，有的还呈分叉羽毛状，容易黏附大量微小的、膨散的花粉粒，这对携带花粉和提高植物授粉结实具有重要的意义；蜜蜂具有三对足，这三对足不仅是蜜蜂的运动器官，而且还有采集花粉和携带花粉的重要作用，前足刷集头部、眼部和口部的花粉粒，中足收集胸部的花粉粒，而后足则集中和携带花粉粒，在其后足上具花粉刷、花粉栉、花粉耙和花粉筐等特殊的构造，使得其能收集和携带花粉；蜜蜂具有敏锐的嗅觉和发达的信息交流系统，使得其能准确的访问花朵并达到授粉的功能。同时，蜜蜂的这些形态结构特征使得其在采集花蜜和花粉时不会损伤植物花朵。

2. 蜜蜂具有适应授粉的独特生物学特性

蜜蜂除具有适于授粉的形态结构外，还有诸多独特的生物学特性，使得

其更适应于为植物授粉。一般而言，蜜蜂对植物花朵的鲜艳颜色和花蜜释放出来的香味具有敏锐的判断能力。植物花的颜色通常以白、红、黄和蓝为主，其他花色较少。白色花通常在晚上开放，一般昆虫利用较少，红色花最能吸引蝶类访问，而黄色花和蓝色花对蜜蜂具有很强的吸引力。相对于花色，花蜜所释放出来的气味对蜜蜂具有更为强烈的吸引力。而蜜蜂敏锐的嗅觉使得其能很好的找到蜜源所在，并利用其发达的信息交流系统准确的告知同伴蜜源的方位和距离。

在长期的自然进化过程中，蜜蜂形成了具有识别成熟花粉的能力，一般而言，蜜蜂只采集成熟度最佳的花粉，从而使得植物在花粉活力最强的时候完成受精过程。而无论是利用震动授粉还是人工蘸花授粉，都很难保证大部分花朵在花粉活力和柱头活力最佳的时候进行授粉。

蜜蜂在不同植株间采集时会随身黏附大量的花粉，并携带花粉团，能使大量的异花花粉粒落在雌蕊的柱头上，从而保证有足量的花粉能在柱头上萌发，形成花粉管，达到充分受精。

3. 蜜蜂采集的专一性与可贮存性

蜜蜂发达的信息交流系统使得其访花具有更强的专一性。蜂群新入一个场地后，侦察蜂会将侦查获得的蜜源信息传达到采集蜂。蜜蜂在一次飞行中，往往只采集同一种植物的花粉和花蜜，并持续整个花期，这种特性，对于保持植物物种的稳定性是非常重要的。同时，在某一段时间内，一群蜜蜂的绝大多数个体具有采访相同植物花的特性，所以蜜蜂的授粉准确、高效，更具有商业价值。研究表明，西方蜜蜂喜欢在 10 ~ 20 平方米的小范围内采集，并较长时间集中地固定采集特定的植物，同时具有驱赶其他蜜蜂进入此区域采集的特征，这种专一性保证了蜜蜂为同一植物授粉的效果。

在植物的开花季节，蜜蜂不辞劳苦，反复往返在花丛之中，不会像有些动物那样以胃内所存食物的多少来决定是否取食，蜜蜂将采到的花蜜或花粉暂存在蜜囊和花粉框内，采满后，飞回巢房脱掉花粉团，吐出前胃（蜜囊）内的花蜜，然后再次出巢采集，保证了一只蜜蜂可在一天内无数次出巢采集花粉和花蜜，从而最大程度的为植物授粉。

4. 蜜蜂的可移动性与可训练性

蜜蜂属于群居性社会昆虫，可人工大量饲养，蜜蜂日出而作，日落而息，因此，当需要转移蜂群为另外一种植物授粉时，可以等蜜蜂归巢后关闭巢门，装车转运到需要蜜蜂授粉的场所即可进行授粉，这一点是其他授粉昆虫无法比拟的。

利用蜜蜂的条件反射，用所需要授粉植物花朵浸泡的糖浆喂蜂，可以诱导其为该种植物授粉。这对泌蜜量小、花色和气味处于劣势的植物非常有利，尤其是在有其他开花植物竞争授粉昆虫时显得更为重要。例如，利用蜜蜂为萝卜留种植株授粉，在附近有油菜或泡桐开花时，就必须对蜜蜂加以训练、诱导，否则，授粉将会失败。

5. 蜜蜂授粉可引起花粉萌发的群体效应

花粉落在雌蕊柱头上能否萌发、花粉管能否顺利生长，并通过花柱组织进入胚囊进行受精，主要取决于花粉与雌蕊的亲和性。在自然界，有一半以上的被子植物存在自交不亲和性，但大多数有杂交亲和性。

异花授粉是植物中最普遍的授粉方式，异花授粉能够提高植物的籽实产量和后代的生活力。在虫媒花中，蜜蜂类昆虫起主导的授粉作用，这是因为蜜蜂的每一趟飞行需要在几朵、几十朵、甚至上百朵花上采集花蜜和花粉，这对于雌雄异花、雌雄异株、雌雄蕊异长、雌雄蕊异位和自花不孕等植物的授粉特别有效。同样的道理，蜜蜂携带着花粉团在不同植株间采集飞行，能使大量的异花花粉落在雌蕊的柱头上，保证足量的花粉萌发，形成花粉管，达到充分受精，所以，蜜蜂主要起到异花授粉的作用。蜜蜂的这种异花授粉起到了花粉萌发的群体效应，加速了花粉萌发和花粉管生长的速度，促进了受精的进程，提高了受精的成功率，促进坐果，从而使果实提前生长，发育期缩短并增加产量。有些植物虽然属于自花授粉，但用蜜蜂授粉后能够增加籽实的产量，改善籽实的品质，如水稻、棉花、辣椒等；而对于异花授粉的向日葵、西瓜等植物，蜜蜂授粉的效果更为显著。

蜜蜂对植物的异花授粉作用，首先保证了花粉与雌蕊的亲和性；其次，蜜蜂授粉能够使大量的异花花粉落在雌蕊的柱头上，能够明显缩短花粉的萌发时间，促进花粉管的生长，这就是花粉萌发的群体效应，即在柱头上一定面积内异花花粉数量越多，花粉萌发和花粉管的生长状态越好。例如，中国农业科学院蜜蜂研究所应用熊蜂、蜜蜂和人工掸花授粉为温室桃授粉的研究结果表明，经熊蜂授粉的桃花柱头花粉粒的数量为437粒，而经蜜蜂授粉和人工掸花授粉的柱头花粉数量分别为255粒和213粒，而且，柱头上花粉数量越多，花粉萌发速度和花粉管生长速度越快。经熊蜂授粉的桃花96小时就完成了整个受精过程，蜜蜂授粉完成受精的时间为120小时，人工掸花授粉完成的时间最长，一般在 144 小时以上。说明蜂授粉后柱头上花粉粒不仅数量多，而且异花花粉比例高，花粉萌发的群体效应更为突出，花粉管生长的速度快，胼胝反应弱，受精时间短，且成功率高。同时，进一步的研究表明，熊蜂授粉过的桃可比蜜蜂授粉过的桃提前 7 天成熟。浙江大学陈盛禄等应用蜜蜂为柑橘授粉也得出了类似的结果。另外，前苏联研究发现，棉花柱头上自花花粉粒需 2 小时以上才可萌发，而异花花粉落到柱头上只需 5~10 分钟就开始萌发。

6. 蜜蜂授粉能使植物在最佳时间充分授粉

一般植物开花初期的一段时间内柱头的活力最强。蜜蜂授粉之所以比人工授粉或者自然授粉效果好的原因如下：其一，蜜蜂与植物长期的协同进化，使得其对成熟花粉的识别能力要远远大于人为授粉；其二，蜜蜂不间断地在田间飞行活动，常从花的柱头上擦过，蜜蜂极易在花柱头生活力最强的时候将花粉传到上面，使花粉萌发，形成花粉管；达到受精，而人工授粉每天只能进行一次，因为速度慢，也会因为上午开的花，拖到下午或者第二天上午授粉，而错过花柱头生活力最好的时间，这样势必造成受精不佳，从而影响到果品的产量和质量。

此外，蜜蜂授粉后能使植物提早受精，受精后植物产生一系列受精生理反应。当受精后合子生成，合子中生长激素的合成速度加快，数量增多，刺激营养物质向子房运输，促进果实和种子发育。陈盛禄等通过用放射性同位素^{32}P 和^{14}C 示踪观察表明，蜜蜂授粉后植物向幼果输送吸收或合成的各种营养物质，比无蜜蜂授粉的快得多。由于植株向幼果输送营养物质增强，避免了因营养不良而使果柄处产生离层，导致营养障碍而大量落果，这也是提高坐果率和结实率，从而增产的又一个原因。

7. 蜜蜂授粉能充分利用有效花

蜜蜂授粉是有选择性的，并不是有花就采，而是选择那些健壮鲜艳的花朵，充分利用有效花。如 1993 年时，河北省焦南县王明亭的梨园发生了百年不遇的冻害，经县林业局勘查认定其受害率为 20%~85%，果农认为减产已成定局，人工无法识别哪些花受冻，哪些花未受冻，人工授粉根本无法进行。后来采取试一试的心理，在 7 000 平方米的梨园中摆放了 24 群蜜蜂，蜜蜂根据生活需要选择有蜜粉的花朵采集，无意中进行了选择，这些花虽然都程度不同地受了些轻霜冻，但花器官都还基本正常，经蜜蜂采集后从而达到授粉的目的。果园花受冻后，雌蕊柱头有活力的花就相对减少，由于蜜蜂能使这些有效花充分受精，使未受冻的花坐果率提高到100%，与其他果园形成鲜明对比，坐果率明显提高，并且结果比较均匀，提高了品质，产品出口达标率为90%，比往年出口达标率提高了60%。这并不是唯一的一例，在近年来相关报道很多。

第三节　以蜜蜂为主的授粉昆虫
对农业生产的贡献

　　世界上与人类食品密切相关的作物有1/3以上属虫媒植物，作物通过昆虫授粉可以提高产量，改善果实、种子品质，提高后代的生活力。尽管许多昆虫如蝴蝶、苍蝇、蓟马和甲虫等都可为农作物授粉。但是，蜜蜂类昆虫具有独特的形态生理结构和生物学特性，是农作物最理想的授粉昆虫。

一、以蜜蜂为主的授粉昆虫对农业生产的贡献

1. 对农作物生产的贡献

　　在农业生态系统中，授粉媒介对果园、园艺和饲草生产，以及许多块根和纤维作物的种子生产极为重要。蜜蜂、鸟类和蝙蝠等授粉媒介对世界35%的作物生产都有影响，使全世界87种主要粮食作物的产量以及世界制药业中许多源于植物的药物的产量得到提高。因此，授粉昆虫的授粉对于粮食安全具有重要的作用。

　　诸多的研究表明，粮食安全、粮食多样性、人类的营养和粮食价格均非常依赖于授粉动物，园艺作物尤其如此。向园艺作物发展的多种经营正在成为世界许多农民摆脱贫困的阳光大道。园艺作物贸易占到了发展中国家农业出口的20%以上，比谷物作物贸易多一倍以上。与历史上谷物增产不同的是，水果和蔬菜产量的增加主要是来自于播种面积而不是单产的增加。授粉媒介减少的后果很可能影响到像水果和蔬菜这样富含维生素的作物的产量和成本，从而导致日益不平衡的膳食和健康问题。因此，在农业发展中保持和提高园艺作物的单产，对于健康、营养、粮食安全和提高贫困农民的农业收入来讲是极为重要的。

　　授粉服务对作物生产的其他方面也有着重要贡献。水果作物和棉花等纤维作物，其品质的提高即是良好的授粉服务的结果。对授粉进行有意识的管

理，有助于生产来自新的替代来源（例如，蓖麻油和巴西的玉米）的生物燃料油。对辣椒的授粉将有助于加快成熟，因而可以使辣椒以较高的反季节价格上市，而且在生长期可多有一茬辣椒上市。

2. 对农业的经济贡献

以蜜蜂为主的授粉昆虫对农业生产的经济贡献是近年来人们关注的热点，这也有助于公众更多的关注与直观认识到授粉昆虫对人们经济生活的重要性。2000 年，Morse 的研究结果表明，美国有蜂群 240 多万群，美国蜜蜂为农作物授粉的年增产价值达到 146 亿美元。2009 年，Gallai 的分析结果表明，在欧洲蜜蜂为农作物授粉的年增产价值为 142 亿欧元，其中，欧盟成员国蜜蜂等昆虫授粉的价值占农产品总产值的 10%，欧盟非成员国蜜蜂授粉的价值更高，占农产品总产值的 12%，均超过 9.5% 的世界平均值。2008年，Jung 分析了韩国主要水果和蔬菜应用蜜蜂授粉的经济价值，结果表明，韩国现有蜂群 200 万群，主要水果和蔬菜的年产值为 120 亿美元，其中，58亿美元来源于蜜蜂授粉，占水果和蔬菜年产值的 48.33%。

安建东等人通过对 FAO 的统计数据研究表明：2007 年，中国与人类食品密切相关的 76 种农作物依赖昆虫授粉产生的价值达到 457.35 亿美元，昆虫授粉的贡献占农作物总产值的 13.1%。与美国、欧洲、韩国等地区相比，中国昆虫授粉的贡献占农作物总产值相对较高，但是从美国、欧洲、韩国等地区授粉昆虫蜜蜂的数量所产生的经济价值看，中国昆虫授粉的贡献占农作物总产值还有进一步提高的空间。

3. 对农业生态的贡献

人们越来越认识到，创造出健康农业生态系统的，不仅仅是遗传资源本身，而且还有它们之间的相互作用。授粉知识显然是生态知识，而且需要放在生态系统的背景下，才能正确地理解；它不只是涉及植物繁殖或昆虫访花方式，而且还涉及其中的相互关系。相互之间的联系极为重要，同时使授粉知识变得复杂，而且变得比离散的知识体系更像一种网络或信息系统。决定植物繁殖成功最关键的相互作用往往不是最明显的，而且为保护植物而采取的行动，不一定就会保护其授粉媒介。所以，需要采用一种生态系统方式，而且有关授粉服务的信息传播应当反映出生态系统环境。因此，对授粉媒介的保护需要人们认识到不仅要保护物种，而且要保护它们之间的相互作用，还要加以认真的管理，以此作为加强关键生态系统联系的方法。对授粉媒介的保护，需要强调保护生态系统、可持续生产系统和脱贫之间联系的重要性。

蜜蜂授粉的同时除了能促进作物丰收，提高作物及其附加的蜂产品的经济效益之外，还能减少化学物质的使用，从而提高食品安全性，对环境保护具有重要的作用。

蜜蜂授粉可减少化肥的使用。国内外大量的研究证实了蜜蜂授粉可有效提高农作物、果树、牧草的产量，甜瓜、梨和樱桃等，甚至可增产 2 倍以上；蜜蜂授粉还可提高作物质量，使果实增大、畸形果率降低、某些营养成分增加。例如，Greenleaf 等研究了野生蜜蜂对番茄产量的影响，结果表明，与人工自交授粉组合对照组相比，蜜蜂授粉作用可以极显著地提高番茄坐果率，与对照组相比，蜜蜂的授粉作用可显著地提高番茄果实的体积，效果也优于人工异花授粉。而现阶段提高作物产量的常用手段之一就是提高化肥施用量，因此，推广蜜蜂授粉在某种程度上可以减少化肥的使用。

蜜蜂授粉减少了农药，尤其是生长激素类物质的使用量。众多的研究表明，蜜蜂不仅可以用于授粉，还能作为生物防治的一种媒介，其防治效果相当于或优于同剂量其他喷施方式。Dedej 等通过蜜蜂携带枯草芽孢杆菌来有效抑制蓝莓病害。相似地，Kapongo 等利用熊蜂为温室番茄和辣椒授粉时携带白僵菌和粉红粘帚霉菌从而起到控制有害昆虫和灰霉菌的作用。

因此，家养蜜蜂的授粉作用显得重要而突出，成为继农药、化肥和种子之后的又一项重要的农艺措施。

二、加强授粉昆虫保护的必要性

虽然授粉昆虫在世界生态系统中发挥着不可或缺的作用，但蜜蜂和其他授粉媒介为农业提供的免费服务却一度被视为理所当然。授粉的作用只是在最近才被确认为农学的基本要素，而这主要来源于对一种危机的认识，即授粉媒介正在从世界上消失。其原因包括农业的现代化和集约化的发展，昔日野生授粉昆虫赖以生存的生境被破坏、大量农药的使用、单一作物的大面积种植、各种病原微生物的流行及外来入侵生物的影响等多种因素导致野生授粉昆虫的种群数量锐减，再加上设施农业的飞速发展，劳动力成本的快速上升，无公害食品需求迫切，使得昆虫授粉越来越体现出其重要性。总的说来，以蜜蜂为主的授粉昆虫受到以下几个因素的影响。

1. 环境因素

作为最主要的授粉昆虫，蜜蜂缺乏免疫系统，对环境污染物缺乏抵抗力，对环境变化十分敏感，因此，常被称为"环境指示器"。现代农业中农药的广泛施用，经常导致蜜蜂群体中毒事件的发生，如仅 2006—2007 年，《中国蜂业》杂志社就收到关于蜜蜂被锐劲特毒害的信件和稿件等高达 120 余封。有科学研究表明，农药已经成为了野生授粉生物的最大杀手，田间、果园里的野生授粉昆虫大量被杀死，导致了尽管作物、果树开花多，但是坐果率和结实率低，进而导致产量少等问题。

农药对蜜蜂的影响不仅表现在急性中毒致死方面，还表现在低剂量农药对蜜蜂的各种生理和行为的亚致死效应上，这些低剂量的农药虽然不足以引起蜜蜂的中毒死亡，但是，它会引起蜜蜂的学习、记忆和采集能力的下降，也可引起其生殖能力的下降。2012 年《科学》上曾报道，低剂量的新烟碱类杀虫剂能导致熊蜂后代新蜂王数量的减少，并推断这是引起熊蜂种类和数量下降的重要原因。随后，科学家通过对熊蜂工蜂生殖能力的观察再一次验证了低剂量的新烟碱类杀虫剂可引起熊蜂生殖能力的下降。

此外，环境污染同样也是引起蜜蜂等授粉昆虫种类和数量减少的重要原因。环境污染，尤其是水污染不仅直接对蜜蜂造成了污染引起蜜蜂中毒死亡或者引起亚致死效应，而且污染的土壤和蜜粉源植物会使蜂产品受到污染，导致食品安全问题。

气候变化也是引起蜜蜂种类和数量下降的一个重要原因，其中，蜜蜂的行为受光照、气温、风力和降雨等一系列气候因素的影响。研究证明，温度对蜜蜂活动影响显著，当外界温度低于 16℃ 或者高于 40℃ 时，蜜蜂飞行次数显著减少。风速过大也会降低蜜蜂的出勤率，风速达 24 千米/小时，蜜蜂完全停止飞行。另外，蜜蜂的出巢高峰、飞行强度均和日照强度有密切联系。例如，2003—2005 年赖家业等在广西巴马县对珍稀濒危植物蒜头果的授粉生物学的研究中，记录蒜头果的访花昆虫共有 8 目 36 科 43 种，授粉昆虫有 7 目 18 科 19 种，其中，蜜蜂的访花频率最高。经过连续 3 年的观察，发现阴雨天气对昆虫访花活动和授粉效果的影响是蒜头果濒危的重要原因之一。中国北方的沙尘暴对蜜蜂来说也是一种灾害。沙尘暴可导致蜜源植物泌蜜的停止，也会降低蜜蜂的活动频率，蜂群无法采集花蜜和花粉或采集的机会减少，这就使得授粉过程受阻，进而导致蜂群群势减弱、蜂场收成受损。

2. 生态因素

良好的农业生态系统有自我更新和维持的能力，物种之间的交互作用是这种能力的基础。植被的多样性能为各种生物的生存与繁衍提供物质和栖息地。我国是典型的小农户型耕作方式，因而作物存在多样性，有利于野生授粉昆虫的生存与繁衍。然而，随着20世纪80年代山区资源的开发以及近年来城镇化速度的加快，现代农业飞速的向集约化和规模化方向发展，农业产业结构发生了巨大的调整。大规模地种植单一作物，花期比较短，使野生授粉昆虫得不到连续足够的食物供给，严重影响了蜜蜂等授粉昆虫的生存。正是因为我国这种小农户耕作模式，作物布局相对复杂，因而由此带来的影响并不如北美等一些国家因缺乏授粉昆虫而带来的"授粉危机"那样严重，但这一现象同样不可轻视。

另一方面，人类对资源的过度开发，使得原始森林、湿地和草原等生境不断被破坏，面积日益减少。自然栖息地面积的减少会影响某些自然栖息地野生蜂的授粉活动，导致其数量减少。

同时，授粉媒介需要其环境中有各种资源，以便其能寻找到食物、筑巢、繁殖和遮风避雨。缺少上述任何一个条件，都会使授粉媒介在当地灭绝。而现代的农业操作和现代化建筑、公路、铁路、农田以及人类活动均能造成生态环境的片段化，也会使一些授粉昆虫的生存受到严重的威胁。研究发现，片段化生态环境中蜜蜂访花活动的改变和访花频率的下降是加剧片段化生态环境失衡的重要因素之一。而栖息地内显花植物的减少，又将进一步对动物生存状态造成消极影响。

3. 外来入侵生物因素

随着世界贸易的频繁往来，外来物种及其携带的细菌、病菌等微生物给本土的授粉昆虫的生存及繁衍带来了巨大的影响。蜜蜂在全球分布很广，共有4个亚属9个种78个亚种。经过千万年的进化与发展，每类蜜蜂都有其独特的生物学特征和地理分布，与当地的植物形成了协同进化的关系。随着养蜂业及授粉业的全球化发展，一些公认的高经济效益的蜜蜂种类，如西方蜜蜂和授粉性能很好的授粉昆虫，如地熊蜂等，被人类频繁地引入到不同的国家和地区，然而近年来物种引入导致的生态问题逐步显现。如中华蜜蜂是我国本土重要的授粉昆虫，在意大利蜜蜂被引入中国以前，广泛分布于我国，在生态系统的维持与保护中起着重要的作用。20 世纪 20 年代时，意大利蜜蜂作为一种高经济效益的蜜蜂被引入中国，经过 90 多年的驯化饲养，发展很快，目前，已成为我国养蜂业的主要蜂种，给中国的养蜂业带来了巨大的经济效益。但由于其竞争作用的结果，导致饲养历史悠久、分布广泛的中华蜜蜂数量锐减、分布区域缩小 75% 和种群数量减少 80% 的严重局面，山林植物授粉总量减少，在某些地方中蜂甚至受到濒临灭绝的威胁。杨冠煌等报道，我国的中蜂主要被压缩到山林地区，约 70% 集中在长江以南各省的山区，而平原丘陵地区和地势平缓山地数量甚少，逐步临近绝种的边缘。张大勇等报道，历史上我国连片分布的中蜂已成为孤岛状分布，导致中蜂近亲交配的概率和遗传漂变激增，中蜂种质退化或部分基因消失，形成恶性循环，近亲程度越高，后代生活力降低越严重，且以后各代近亲的副作用得以加强，遗传多样性可能会由于遗传漂变、近交作用而丧失。彭楚云等的研究还认为，若不给与中蜂一定的保护，那么中蜂种群的数量将进一步减少，分布范围将进一步缩小，品质也将进一步下降，将危及中蜂蜂种的生存。

地熊蜂主要分布于欧洲大陆，向东可达高加索和乌拉尔山脉，向南可达非洲北部，因其易于饲养、群势强和授粉性能良好等原因促进了地熊蜂在全球范围内的广泛销售。但是，在地熊蜂被销售到非原栖息地之后，在饲养和授粉过程中逃逸的蜂王极易在自然界中建立野生种群，成为入侵生物。据报道，地熊蜂已在澳大利亚、日本、新西兰、智利、阿根廷和以色列等 6 个国家建立野生种群。这些入侵的地熊蜂具有采集花粉能力强、种群数量大、授粉时间长、授粉行为可塑性强和在生态系统中竞争能力强等特点，而极易与本土熊蜂形成竞争并获得优势，从而定殖成功并逐步取代本土熊蜂，引起本土熊蜂种类和数量的下降。但由于这种蜂的喙较一般熊蜂短，因而它在访问长花冠植物时常通过在花冠底部蜜源处撕咬洞口以盗蜜的方式来获取花蜜，因而这种盗蜜行为并不能为植物授粉，因而，地熊蜂的入侵将与生态环境中其他授粉昆虫尤其是熊蜂竞争蜜源植物，降低授粉昆虫生物多样性，影响生态系统授粉功能，并将进一步危害到生态系统的安全。

同时，在引进这些外来授粉昆虫的同时，还可能将一些细菌、病毒及一些蜂螨引进，引起相近种授粉昆虫的感染。这些授粉昆虫的引进同时也有可能干扰本土种群的正常交配，这被认为是引起本土种群下降的另一重要原因。如日本的研究者发现地熊蜂雄性蜂可与同亚属的小峰熊蜂蜂王和红光熊蜂蜂王杂交，杂交后代繁殖力变弱，导致不孕和子代退化，进而导致本土熊蜂物种多样性和遗传多样性的下降。

4. 其他因素

蜜蜂是主要的授粉昆虫，然而，养蜂从业人员的急剧下降且年龄结构的老龄化，使得蜂场规模减少，且经营分散，影响了养蜂业的发展。据统计，我国养蜂从业人员平均年龄超过 48 岁，50 岁以上占 49.2%。近 10 年来，老龄化问题变得尤为严重，从 1997—2007 年我国养蜂从业人员的平均年龄增长了约 13 岁，年轻从业者减少了 80%。

发展中国家和不发达国家的蜜蜂饲养方式落后，既不利于养蜂规模的扩展，也不便于蜂病的防治。缺乏政策支持和资金投入，养蜂业没有得到足够的重视等原因阻碍了蜜蜂基础科学的研究、养蜂技术的提高、蜜源植物资源的利用及养蜂业的可持续发展。

三、加强授粉昆虫保护——全球在行动

全球包括 2/3 的粮食作物在内的世界大部分有花植物的有性繁殖是由大约 10 万种昆虫、鸟类和哺乳动物作为授粉媒介的。直到现在，绝大部分农民认为授粉是大自然提供的诸多"免费服务"中的一种，因此，它很少被看做是一种"农业投入"。但是，这种情况正在变化。全球统计数据显示，世界一些地区授粉媒介的数量正在急剧下降。在监测工作较世界其他地区更为先进的欧洲和北美洲，蜂群数量已经急剧下降，许多野生授粉昆虫和依靠它们的植物同时呈下降趋势。由于土地用途的改变和农业的集约化，许多欧洲蝴蝶面临严重的威胁。在全球的哺乳动物和鸟类授粉媒介中，至少有 45 种蝙蝠、36 种非飞行哺乳动物、26 种蜂鸟、7 种太阳鸟和 70 种雀形目鸟被认为受到威胁或灭绝。

为了应对一些科学家所担忧的潜在"授粉危机"，联合国生物多样性公约于 2002 年在其下属的农业单位——粮农组织制定了一个联合国环境规划署/全球环境基金项目，旨在填补有关授粉服务知识库的巨大空白，为在广泛的生态区和农耕体系保护授粉媒介探索良好的农业规范。

有关授粉媒介保护的知识是很零散的。科学家缺少有关植物授粉需求、重要授粉媒介和授粉媒介种群发展趋势方面的信息。为了筑巢、哺食和繁殖，授粉媒介有其自身的资源需求，它们需要特殊的植被和栖息环境。因此，采用"授粉媒介友好"的土地使用管理方法有助于确保它们的生存。

但是，实际上几乎没有关于野生授粉媒介特殊需求方面的知识，在发展中国家这一情况尤为突出。

该项目还强调了生态系统功能保护、可持续生产体系和减贫之间的重要联系。"我们希望制定一套适用于世界范围授粉媒介保护工作的工具、方法、战略和最佳管理规范"，粮农组织作物生物多样性专家琳达·科里特（Linda Collette）说，"作为回报，它将促进实现更为广泛的目标：改善农村社区的粮食安全、营养和生计"。因此，粮农组织全球授粉项目的重点是确定必要措施，使野生授粉媒介重返农田，根据作物和耕作制度的不同采取不同的步骤。

为此，联合国粮农组织在7个试点国家与农业社区、国家合作伙伴以及决策人员共同努力，加深对制定有关授粉媒介的农业政策必要性的认识，与农业社区接触，帮助他们规划授粉管理工作，并将授粉问题纳入农业课程。

通过参加由项目创办的农民田间学校，农民可以共享其传统授粉方法，将传统知识与科学实践相结合，并在整个生长季节对结果进行观测。粮农组织随时记录成功的授粉方法，而且编制一套工具和最佳管理规范，适用于全球授粉媒介的保护。解决方案相当明确——调整集约化生产系统，减少农药的使用，利用覆盖作物、作物轮作和绿篱来促进多样性。其目标是寻找不同方法，在不降低产量的前提下，保护授粉媒介。

印度的苹果种植者过去采用的传统方法是将花束挂在他们的苹果树上，用这种办法来简化苹果树结果所必需的异花授粉过程。然而，粮农组织和其国家合作伙伴发现，当果树开花天气太冷蜜蜂无法授粉时，通过认真放置花束，它还可以引来小黑蝇——不仅仅是蜜蜂——为其果树授粉。在那之前，农民们一直将小黑蝇视为害虫，并采用喷洒药物的方式予以防治。

加纳的农民如今在他们的辣椒地周围种植木薯以增加授粉。蜜蜂不喜欢辣椒，但粮农组织发现，受富含花蜜的木薯花吸引而来到田间的蜜蜂也会为辣椒授粉。

巴西规定，为减缓热带森林砍伐，农民必须使部分农田保持天然林地状态，确保土地不被用于生产。但是，粮农组织及其国家合作伙伴向农民展示，森林为授粉媒介提供栖息地，而反过来，它们能够促进油菜籽等作物产量的增加。生产率的提高令人印象深刻，为此，私营部门的油菜籽加工商正在与粮农组织的项目人员合作，对其技术人员和生产油菜籽的农民进行授粉知识培训。

粮农组织全球授粉项目将在不同国家和地区获得的调查结果与各方分享，让越来越多的农民和国家能够获得有关授粉重要性的知识，而这些知识将有助于政策的最终制定，确保授粉媒介受到保护并继续履行其职责，即促进全球农作物生产。

第二章

授粉蜂的种类及授粉特性

授粉昆虫的种类繁多，主要分属于直翅目、半翅目、缨翅目、鳞翅目、鞘翅目、双翅目和膜翅目。在长期的进化过程中，尽管双翅目的蝇类、鳞翅目的蝶类、缨翅目的蓟马、半翅目的蝽类和鞘翅目的甲虫类等许多昆虫都可为农作物授粉。但是，膜翅目的蜂类在授粉昆虫中占绝对的主导地位，是农作物最理想的授粉者。

表2-1是根据我国科技文献数据库已公开发表的文献所整理的我国部分科研工作者有关蜜蜂为不同作物授粉后增产试验效果。从表2-1统计可知，被成功用来授粉的授粉蜂类很多，但意大利蜜蜂是我国最主要的授粉昆虫，在农业增产中具有重要的作用，同时，还有诸如熊蜂、壁蜂和切叶蜂等授粉昆虫。下面我们将重点介绍几种重要的授粉蜂及其授粉特性和应用推广情况。

表2-1 部分蜜蜂授粉试验增产试验效果汇总

作物分类	作物名称	增产效果	第一作者或试验单位	试验用授粉昆虫种类	其他指标的改善
果树与水果	苹果	72%~365%	孙德勋等，1980	蜜蜂	坐果率提高74%
		331%	宁夏原种场，1982	蜜蜂	
		泰冠5.92%~30.56%	袁锋等，1992	壁蜂	坐果率提高19.70%，落果率降低88.19%
		红富士11.11%~36.65%			坐果率提高62.97%，落果率降低32.90%
		102.85	王凤鹤，1995	凹唇壁蜂	
		216.20%	杨春元，1998	蜜蜂	坐果率提高12.2%
			孙建设等，1999	凹唇壁蜂	坐果率增加81%~111%

（续表）

作物分类	作物名称	增产效果	第一作者或试验单位	试验用授粉昆虫种类	其他指标的改善
果树与水果	苹果		张翠婷等，2012	壁蜂	坐果率达到 73.6%
	梨	15%	吴美根等，1984	蜜蜂	坐果率提高 40.3% ~41.9%
		32.80%	邵永祥等，1995	蜜蜂	坐果率 25%
		13.29%	王凤鹤，1995	凹唇壁蜂	
			魏树伟等，2012	壁蜂	花序平均坐果率 28.79%，花朵平均坐果率 8.98%
	杏	48%	王凤鹤，1996	凹唇壁蜂	采摘期提前一周，特级果和一级果占 84.45%
		25.77%	童越敏等，2005	熊蜂	
	柑橘	38.55%	陈盛禄等，1988	蜜蜂	坐果率提高 43.52% ~54.24%
	荔枝		黄昌贤等，1984	蜜蜂	坐果率提高 2.48~2.9 倍
	锦橙	59.70%	吴海之等，1983	蜜蜂	坐果率提高 29.6%，果实重量增加 11.5%，可溶性固形物降低 0.5%
		11.50%	王瑞生等，2009	蜜蜂	坐果率提高 155%，种子数增加 140%，维生素 C 增加 22.5%
	猕猴桃	105%	李晓峰，2002	蜜蜂	坐果率提高 24.5%，畸形果率降低 24.5
		3.37% ~64.97%	朱友民等，2003	蜜蜂	坐果率比人工授粉提高 25%
	大棚桃		费显伟等，1997	凹唇壁蜂	坐果率增加 18.8% ~26.7%
		41.5% ~64.6%	历延芳等，2005	蜜蜂	畸形果率下降 10%
		提高 15.3% 相比于蜜蜂	王继勋等，2008	熊蜂	相比于人工授粉坐果率提高 47.3%，单果重提高 14.7%，果实可溶性固形物提高 9.9%

（续表）

作物分类	作物名称	增产效果	第一作者或试验单位	试验用授粉昆虫种类	其他指标的改善
果树与水果	西瓜	66.30%	张秀茹，2005	蜜蜂	坐果率提高15%，单瓜重提高50%，折光含糖量提高8.1%
		29.3%～32.8%	历延芳等，2006	蜜蜂	
			李继莲等，2006	熊蜂	相比于蜜蜂授粉，熊蜂授粉提高维生素C含量，提高总糖含量
		7.2%	马志峰等，2011	壁蜂	第2、第3雌花坐果率相比于人工授粉提高了5.9%和10.4%
		11%～22%	王凤鹤等，2012	蜜蜂	
	樱桃	10%～15%	刘新生等，1997	凹唇壁蜂	坐果率增加21.03%～46.13%
	油桃	温室提高66.7% 大田提高45.5%	张中印等，2003	蜜蜂	
		37.04%～52.35%	胡友军，2003	蜜蜂	坐果率增加12.4%～22.3%
		44.44%～61.90%	胡友军，2003	角额壁蜂	坐果率增加12.2%～21.1%
		76.8%	罗建能，2005	蜜蜂	
	草莓	65.6%～74.3%	李建伟，1998	蜜蜂	
		29.6%	余林生等，2001	蜜蜂	畸形果率下降60.7%～63.1%
			李继莲等，2005	熊蜂、蜜蜂	熊蜂授粉比蜜蜂授粉的草莓畸形果率分别为11.52%和17.74%，维生素C含量较高（0.666毫克/升，0.597毫克/升）
			童越敏等，2005	熊蜂	熊蜂授粉比人工授粉能够提高单果重97.94%，降低畸形果率33.35%，提高维生素C含量19.33%

（续表）

作物分类	作物名称	增产效果	第一作者或试验单位	试验用授粉昆虫种类	其他指标的改善
果树与水果	草莓		孙梅梅等,2008	熊蜂、蜜蜂	比蜜蜂授粉增产35.0%，比蜜蜂授粉单果质量提高58.6%，同时畸形果率降低67.9%
		54.70%	吴仲馨,1956	蜜蜂	出油率提高45.6%
		22.92%~90.32%	李文先,1989	蜜蜂	千粒重提高14.46%~14.69%，出油率提高4.86%~12.11%
		27.20%	吴曙,1991	蜜蜂	千粒重提高12.5%，榨油提高10.7%
		9.01%~48.7%	祁文忠等,2009	蜜蜂	结荚率提高1.88%~73.3%，千粒重提高1.63%~8.07%，出油率提高1.94%~10.12%，角粒数提高11.20%~46.34%
		40.16%	石元元,2009	蜜蜂	蜜蜂授粉区比自然授粉区提高40.16%，比无蜂授粉区提高114.98%
		3.06%~21.52%	田自珍等,2010	蜜蜂	结荚率提高1.75~43.73%，千粒重增加1.61%~31.83%，角粒数增加11.2%~46.34%，出油率提高1.94%~10.12%
		16.89%~32.78%	周丹银等,2010	蜜蜂	
		49.4%	金水华等,2011	蜜蜂	
油料作物	向日葵	9.22%	李位三,1991	蜜蜂	出仁率提高2.1%，种仁含油率增加4.91%
			张云毅等,2009	蜜蜂	秕粒数下降21.23%~57.83%
	油葵	121.2%~1 141.3%	夏平开等,1994	蜜蜂	籽仁含油率提高934%
	油茶		罗建谱等,1992	蜜蜂	坐果率提高43%
	蓝花籽	6.78%	吴建华,1990	蜜蜂	

（续表）

作物分类	作物名称	增产效果	第一作者或试验单位	试验用授粉昆虫种类	其他指标的改善
蔬菜	大白菜（制种）	9.04%~16.91%	赵利民，2001	蜜蜂	
		70%	陈学刚，2003	蜜蜂	
		70%以上	谢旭等，2004	蜜蜂	
	温室黄瓜	20.8%~31.4%	葛凤晨等，1987	蜜蜂	坐瓜率提高32.2%
		27.2%~39.7%	梁诗魁等，1991	蜜蜂	坐果率提高35.8%~77.2%
		35.20%	邵有全等，1998	蜜蜂	坐瓜率提高27.65%，日增长长度增加19.07%，瓜重提高26.94%
	西红柿	142.15%	安建东，2001	熊蜂	畸形果率降低83.68%
			刑艳红等，2005	熊蜂	熊蜂授粉相比于蜜蜂和对照组产量增加了36.07%和34.57%，畸形果率分别降低了56.22%和166.80%，果实种子数上增加了67.08%和635.79%
	温室西葫芦	14.06%~34.9%	邵有全等，2000	蜜蜂	畸形瓜率降低31%
	西葫芦	每公顷增产187.13千克	任继海等，1998	蜜蜂	生长速度提高8.5%
	黄花菜		申晋山等，1990	蜜蜂	坐果率提高5.5~12倍
	甘蓝（制种）	18.2倍	匡邦郁等，1989	蜜蜂	结籽率提高17.2倍
	花椰菜（制种）	60%~112%	姜立纲等，1988	蜜蜂	
	辣椒	38.3%和22.6%	国占宝等，2005	熊蜂，蜜蜂	熊蜂族和蜜蜂组比对照组单果重分别增加30.4%和13.7%，种子数分别增加79.9%和21.6%，新实属分别增加29.6%和11.1%
	茄子	41.98%	安建东等，2004	熊蜂	相比于对照组坐果率增加33.32%，果实含糖量增加21.16%

（续表）

作物分类	作物名称	增产效果	第一作者或试验单位	试验用授粉昆虫种类	其他指标的改善
其他	荞麦	28.70%	逯彦果等，2008	蜜蜂	千粒重提高 0.22% ~ 23.26% 荞麦出粉率提高 0.06% ~ 10.11%
	水稻	5.66% ~ 6.97%	赖友胜等，1985	蜜蜂	杂优：千粒重提高 2.94%，结实率提高 2.39% 桂朝：千粒重提高 2.6%，结实率提高 3.7%
	荞子	77.20%	泸西县土产公司，1980	蜜蜂	粒重增加 2.63%
	籽莲		柯贤港等，1987	蜜蜂	结籽率提高 22.22%，死蓬率低 5.22%
	砂仁		王修竹，1981	排蜂	坐果率提高 63.42%
	沙打旺		张明海等，2008	蜜蜂	蜜蜂授粉其结实率为 94.04%，相比于未授粉的 5.06%
	三叶草	28.9% ~ 48.6%	李文先，1989	蜜蜂	发芽率提高 34% ~ 61.5%
	榨菜	41%	戈加欣	蜜蜂	种子发芽率比对照高 5.5%
	苜蓿	69.40%	李少南，1991	蜜蜂	
		229.00%	陈合明，1996	蜜蜂	
		57.20%	金洪，1998	蜜蜂	
			陈合明，1995	苜蓿切叶蜂	苜蓿种子增产 2 ~ 4 倍
	棉花	38%	霍福山，1980	蜜蜂	结铃率提高 39%，衣分率提高 1.2%，棉绒长度提高 8.6%，发芽率提高 27.4%
		49.66%	郑军等，1981	蜜蜂	结铃率提高 19.26% ~ 38.9%，平均桃重提高 16.65%，皮棉率增加 4.22%，千粒重平均增加 3% 以上

注：除特指外，表中蜜蜂均指意大利蜜蜂

第一节　中蜂、意蜂及其授粉特性

一、蜂群概述与组成

　　蜜蜂是社会性昆虫，蜂群是其生活和蜂场饲养管理的基本单位。一个蜂群通常由 1 只蜂王、千百只雄蜂和数千只乃至数万只工蜂组成的有机体，它们同居于一个蜂群中，分工明确，各尽其能，相互依赖，保持着群体在自然界里的生存和种族延续。各蜂群间以群味不同相抵触，具有排他性（图 2 - 1）。蜜蜂个体的一生经过卵、幼虫、蛹和成虫四个阶段。

图 2 -1　蜜蜂的一家
上：蜂王　中：工蜂　下：雄峰
（引自 www. dkimages. com 和 http：//www. nipic. com/）

蜂王是由受精卵发育而成的生殖器官完全的雌性蜂，在蜂群中专司产卵，是蜜蜂品种种性的载体，以其分泌的蜂王物质的量和产卵力来控制蜂群。意蜂王每昼夜产卵 1 500~2 000 粒，中蜂王每昼夜可产 900 粒卵，蜂群中所有蜜蜂都是它的儿女。在自然条件下，蜂王能存活 3~5 年。

工蜂是由受精卵发育而来但生殖器官不完全的雌性蜂，正常情况下不产卵，有执行巢内外工作的器官，它们按年龄大小担负着蜂群的哺育、酿蜜、采蜜和采粉等工作。如果蜂群需要，这种按年龄、生理分工也会改变：如越过冬的工蜂，能照常分泌王浆哺育幼虫；适逢植物大泌蜜期，巢穴内没有幼虫可哺育时，5~6 日龄的工蜂可提前参加采蜜工作。工蜂的寿命，3 月的新蜂 35 天左右，6 月为 28 天，在越冬期 150~180 天或更长。

雄蜂是由未受精卵发育而成的蜜蜂，在蜂群中的职能是平衡性比关系和寻求处女王交配。它是季节性蜜蜂，只有蜂群需要时才出现。

1. 中蜂的生活习性

中华蜜蜂简称中蜂，在热带、亚热带的工蜂，其腹部以黄色为主，温带或高寒山区的品种主要为黑色。蜂王体色有黑色和棕色两种；雄蜂体黑色。野生状态下，蜂群栖息在岩洞、树洞等隐蔽场所，筑多片与地面垂直、间隔 9 毫米左右的蜡质巢脾，形成近球形蜂巢。群势一般在 1.5 万~3.5 万只，工蜂采集半径 1~2 千米。飞行敏捷，个体耐寒力强，可利用零星蜜源。中蜂嗅觉灵敏，早出晚归，善于利用分散的小蜜源，每天出勤时间比意蜂多 1~3 小时，节省饲料，比较稳产。中蜂分蜂性强，常因环境、饲料和病敌等原因的干扰和危害而举群迁徙。抗大、小蜂螨，抗白垩病和美洲幼虫病；抗蜡螟能力弱，春秋易感染囊状幼虫病和欧洲幼虫病。中蜂主要分布在中国长江以南各省区、长江以北山区。有野生的，也有家养的，有木桶旧法饲养的（图 2-2），也有活框新法饲养的（图 2-3）。

2. 意蜂的生活习性

意大利蜂简称意蜂，栖息场所和筑巢方式与中蜂相同。群势较中蜂强，可达 6 万只，工蜂采集半径 2.5 千米。蜂王腹部背板颜色为黄至淡棕色；雄蜂腹部背板颜色为金黄有黑斑，其毛色淡黄；工蜂体黄色，后缘有黑色带，末节黑色，毛色淡黄。意蜂性情温和，不怕光，提出巢脾时蜜蜂安静。善于采集持续时间长的大蜜源，在蜜源条件差时，易出现食物短缺现象。善采集、贮存大量花粉。分蜂性弱，易维持大群。定向力差，易迷巢，盗力强，

图 2-2　桶养中蜂　　　　　　　　图 2-3　活框饲养中蜂
　　（张中印　摄）　　　　　　　　　　（罗术东　摄）

守卫蜂巢的能力也强。耐寒性一般，以强群的形式越冬，越冬饲料消耗大，在纬度较高的严寒地区越冬较困难。清巢力强，抗巢虫。易患美洲幼虫腐臭病、欧洲幼虫腐臭病、白垩病、孢子虫病、麻痹病等，抗螨力弱。

意蜂在中国养蜂生产中起着十分重要的作用，广泛饲养于长江下游、华北、西北和东北的大部分地区，适于追花夺蜜，突击利用南北四季蜜源。在优良的粉蜜源场地，一个管理得法的蜂场，群日产湿花粉高达 2 300 克。

二、中蜂和意蜂的授粉应用概况

大量的资料证明，蜜蜂在授粉昆虫中占 85% 以上，同时对昆虫授粉行为和访花频率的统计分析表明，蜜蜂科是最佳授粉者，其他昆虫的活动次数少，携带花粉量也少，授粉效果远不如蜜蜂。据 1899 年尤纳斯的记载，在 395 种植物上所采到的 838 种授粉昆虫中，膜翅目占 43.7%，而蜜蜂总数又占膜翅目总数的 55.7%；中国科学院吴燕如教授曾调查猕猴桃花期的昆虫种类和数量，共鉴定出 16 种访花昆虫，其中蜜蜂 11 种。世界上主要农作物的 85% 都依赖于蜜蜂等昆虫授粉，尤其是油料作物、蔬菜类、水果类和坚果类等蜜蜂授粉的效果尤为显著，因而蜜蜂授粉在农业生产中占据十分重要的地位。

发达国家十分重视用蜜蜂为农作物授粉，以改善农田的生态环境，保证粮食、油料、瓜果、牧草等作物的高产和优质。如美国的加利福尼亚州仅杏树一种果树每年需要约150万群蜂为其授粉,出租蜜蜂授粉也成为蜂农收入的主要来源。1994年,欧洲有超过150种农作物直接依赖蜜蜂等昆虫授粉,授粉作物的种类达欧洲作物种类总数的84%。2008年,Tauts在《蜜蜂的神奇世界》一书中表明蜜蜂是欧洲第三大最有价值的家养动物,在畜牧业中,其经济地位仅次于牛和猪。英国蜜蜂授粉的年经济价值达10亿英镑,蜜蜂授粉的主要对象为油菜、草莓、苹果、山莓和梨等;其中,油菜所占的比例最大,蜜蜂为油菜授粉的年增产效益达4亿英镑,占全国农作物蜜蜂授粉增产总值的40%。2009年,Gallai的分析结果表明,在欧洲蜜蜂为农作物授粉的年增产价值为142亿欧元,其中,欧盟成员国蜜蜂等昆虫授粉的价值占农产品总产值的10%,欧盟非成员国蜜蜂授粉的价值更高,占农产品总产值的12%,均超过9.5%的世界平均值。而韩国的研究表明,韩国主要水果和蔬菜的年产值为120亿美元,其中,58亿美元来源于蜜蜂授粉的贡献。Gordon等的研究认为,蜜蜂为澳大利亚农作物授粉的年增产效益可达14亿美元。Ware等报道,澳大利亚的授粉昆虫有1 400多种,但在农作物授粉贡献中,西方蜜蜂占80%~90%,其他授粉昆虫的贡献率仅为10%~15%,说明蜜蜂在农作物授粉中占绝对优势。

中国现有蜂群800多万群,每年有近500万群流动蜂群,在采蜜的同时,也为大面积的油菜、荞麦、向日葵和棉花等大田作物授粉,增产效果显著。近年来,随着劳务人员工资的大幅上升,越来越多的蜜蜂被租用为苹果、温室黄桃、草莓等授粉,其授粉价值已开始逐步为广大农民所认识。例如山西省运城地区,近年来大量发展果树,苹果面积由1990年的4.7万公顷发展到1998年的15.3万公顷,面积增加了2.3倍。但授粉昆虫数量并没有随果树的发展而相应增加,相反的,由于果园大量施用化肥农药,以及农事操作等破坏了授粉昆虫的栖息及生存环境,导致授粉昆虫的大量减少,从而直接影响果树授粉,在一定程度上限制了产量和质量的进一步提高。辽宁省大连市所属6个县区有苹果800多万株,果树坐果率低,结果少,产量低,果农要砍掉重栽,经科技人员分析后认为是缺乏授粉所致。引进蜜蜂授粉后,仅3年苹果增产5万多吨,增收1 200多万元。在生产中采用人工授粉或增加授粉树种等,都无法与昆虫授粉相比,引入蜜蜂授粉是从根本上解决授粉昆虫不足的重要途径。

蔬菜制种和温室栽培黄瓜、西葫芦、番茄、果树,以前都采用人工授粉的办法来提高坐果率、结籽数和产量,但是近年来由于劳务工资提高,生产成本大幅度上升,特别是十字花科蔬菜制种,人工授粉费用很大。不论是增加肥料、增加灌溉，还是改进耕作措施，都不能完全代替蜜蜂授粉的作用，蜜蜂授粉还能使这些增产措施发挥更大的作用。由于蜜蜂授粉更及时、更完全和更充分，对提高坐果率、结实率效果突出，所以可以更有效地协调作物的生殖生长和营养生长，在提高产量和品质方面，特别是在绿色产品和有机食品的开发生产中，具有不可替代的作用。

第二节　熊蜂及其授粉特性

一、熊蜂概述与生活习性

熊蜂是膜翅目蜜蜂总科熊蜂属一类多食性社会性昆虫，其进化程度处于从独居蜂到社会性蜜蜂的中间阶段，是多种植物特别是豆科、茄科植物的重要授粉者。全球已知250余种，广泛分布于寒带、温带，温带地区较多，目前，世界五大洲都有分布。据中国农业科学院蜜蜂研究所多年调查研究显示，中国熊蜂多达115种以上。

熊蜂体粗壮，中型至大型，黑色，全身密被黑色、黄色或白色、火红色等各色相间的长而整齐的毛。口器发达，中唇舌较长，吻长9～17毫米，但也有较短的个体；唇基稍隆起，而侧角稍向下延伸；上唇宽为长的两倍，颚眼距长；单眼几乎呈直线排列。胸部密被长而整齐的毛；前翅具3个亚缘室，第1室被1条伪脉斜割，翅痣小。雌性后足跗节宽，表面光滑，端部周围被长毛，形成花粉筐；后足基胫节宽扁，内表面具整齐排列的毛刷。腹部宽圆，密被长而整齐的毛；雄性外生殖器强几丁质化，生殖节及生殖刺突均呈暗褐色。雌性蜂腹部第4与第5腹板之间有蜡腺，其分泌的蜡是熊蜂筑巢的重要材料。

1. 熊蜂蜂群的组成

熊蜂与蜜蜂相似，蜂群通常由蜂王、卵、幼虫、蛹、雄蜂及数十只至数百只工蜂构成。

卵：白色，细长，两端钝圆，长约3.1毫米，直径约1.1毫米。先产出的一端较粗，后产出的一端较细，表面光滑。蜂王通常把几粒卵产在一起，但是不同的蜂种是不一样的。

蜂王：由受精卵孵化后给以足量的营养物发育而来，为蜂群中唯一生殖器官发育完全的雌性蜂。蜂王的主要职能是产卵，早期时负责蜂群的所有工作。蜂王有螯针节，螯针上无倒刺；腹部 6 节；后足有花粉筐。蜂王是唯一一年生活史完整的个体，其寿命通常为 1 年，活动期 3～4 个月。

幼虫：身体乳白色，无足，头部较小，初期幼虫呈新月形，后期呈"C"形至环形，躯体由 13 个横环纹组成的环节构成。虫体被球形蜡质巢房外壳包裹，外壳上有一小孔，幼虫通过这个小孔接受蜂王或工蜂的饲喂。

蛹：初期乳白色，后逐渐加深，变为灰黑色，蛹体被卵圆形的蜡质外壳包裹，俗称"茧房"。

工蜂：由受精卵发育而来，为蜂群中生殖器官发育不全的雌性蜂，除了体形较小外，其他形态特征和蜂王几乎完全一致，能担负起蜂群中的各项工作，包括分泌蜡质、筑巢、饲喂幼虫、采集食物和守卫等。工蜂是熊蜂蜂群中的主要成员，授粉就是靠工蜂来完成。但是，当熊蜂群发展到后期，进入竞争阶段，工蜂的生殖器官也开始发育，产下未受精卵，这意味着群体的衰败。工蜂有螯针节，螯针上无倒刺；后足有花粉筐。

雄蜂：由未受精卵发育而成，是生殖器官发育完全的雄性蜂。其职能是与新蜂王交配。腹部 7 节；雄蜂无螯针，头尾都几乎呈圆形，与蜂王和工蜂易于区别。另外，一些熊蜂种的雄蜂与工蜂和蜂王有明显的体色差异，其毛色通常较黄，且粗糙。

2. 熊蜂的年生活史

当春天气温升高，植物开花时，蜂王和其他的独居蜂一样，躲在土洞处于越冬状态的蜂王开始苏醒，此时的熊蜂王瘦小而呆滞，蜂王在天气晴好的时候开始出巢在花上取食花蜜和花粉，开始它的周年生活（图 2-4）。蜂王从越冬场所出来后，蜂王卵巢管十分细长，和线一样，但蜂王会采食一段时间，以便于卵巢完全发育。刚出来时，蜂王主要利用贮存在蜜胃内的花蜜应对外界不良条件，但它们很快会开始采食新鲜花蜜和花粉。花粉提供蛋白质，刺激卵巢发育，促使蜂王产卵。由于没有合适的巢穴，蜂王通常会在树叶下或枯草丛中过夜，当蜂王足够强壮时，卵巢开始发育，蜂王便开始寻找一个合适的场所，像越冬场所一样，合适的巢穴是蜂群发展的前提条件，蜂王花 2～3 周寻找合适的巢穴。此时，蜂王的动作与往常不同，它们常沿着矮树、河堤低飞，不时地停下来仔细寻觅。

找到适宜的营巢场所后（废弃的老鼠洞、地表的裂缝），蜂王开始筑巢并积极采集花蜜和花粉，用其分泌的蜂蜡与野外采集的花粉混合筑造巢房。

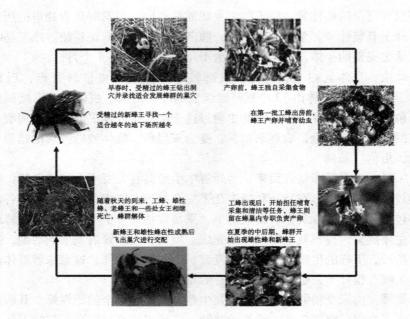

早春时，受精过的蜂王钻出洞穴并寻找适合发展蜂群的巢穴

产卵前，蜂王独自采集食物

受精过的新蜂王寻找一个适合越冬的地下场所越冬

在第一批工蜂出房前，蜂王产卵并哺育幼虫

随着秋天的到来，工蜂、雄性蜂、老蜂王和一些处女王相继死亡，蜂群解体

工蜂出房后，开始担任哺育、采集和清洁等任务，蜂王则留在蜂巢内专职负责产卵

新蜂王和雄性蜂在性成熟后飞出巢穴进行交配

在夏季的中后期，蜂群开始出现雄性蜂和新蜂王

图2-4 熊蜂的年生活史

当蜂王巢穴定下来后，通常会与其他过来抢夺的蜂王打架，以保护自己的巢房。同时，蜂王还会在巢内做成花粉团，并在花粉团上产下少数几粒卵，加盖。不同种类的熊蜂产卵方式不同，一些种的蜂王喜欢在花粉团上打孔垂直产卵，而另一些种的蜂王如明亮熊蜂等则喜欢把卵产在花粉团的外表，然后用自己分泌的蜡把卵堆包裹起来。熊蜂的巢房同蜜蜂的巢房区别很大，熊蜂王不像蜜蜂王那样在每个巢房内产一粒卵，而是在花粉团上一次产一堆卵，数量从几粒到几十粒。同时，蜂王还会在巢房的周围，筑造了一些小蜜坛子，里面贮藏着从花中采来的花蜜。当产下卵以后，蜂王会在夜间用身体紧紧抱住育儿室，维持蜂子恒定温度。

蜂王所产的卵一经孵化为幼虫，便直接在花粉团上取食，此时，蜂王还会及时外出采集食物给幼虫补充花蜜和花粉。随着幼虫的蜕皮长大，原先的那团卵房便逐渐分裂为单个的幼虫房，当幼虫发育完全时便停止取食，开始作茧化蛹，此时，每个蛹都有一个独立的巢房，所以，把熊蜂的巢房称之为"涨裂式"巢房。温度、湿度和食物是影响熊蜂发育的三个重要因素。在同一种内，因温湿度的差异和供给食物的数量、质量不同，其发育的周期也不一样，经观察，地熊蜂的卵期为4～6天，幼虫期为10～19天，蛹期为10～

18 天。

　　第一批工蜂出房之前，蜂王既要产卵育虫，又要出巢采集花蜜和花粉，因此，第一批出房的工蜂个体普遍较小。以后出房的工蜂个体逐步增大，最后近似蜂王大小。第一批工蜂出房后，很快参与巢内各项工作，帮助蜂王担任扩巢、泌蜡、防卫、采食和哺育幼虫。当有足够工蜂出房时，蜂王便停止出巢采集，专心产卵，整个蜂巢无规则地向上、向四周扩展。随着蜂群的壮大，蜂王产卵率的提高，群势也逐步扩大。到夏末秋初时，蜂群群势达到高峰，蜂王开始产未受精卵，培育雄蜂。紧接着，巢内出现新蜂王。

　　数天后，雄蜂和新蜂王性成熟（雄蜂的性成熟期为 11 ~ 12 天，蜂王的性成熟期为 8 ~ 9 天），在自然状态下，它们喜欢在低矮树木和草丛间飞翔，相遇交配。经观察，在婚飞过程中，雄蜂紧追蜂王做圆形飞行，大多数的蜂王飞行一段时间后落在树梢或者花朵上，雄蜂趴在蜂王身上，用抱握器紧扣蜂王腹部，阳茎插入阴道，然后身体后翻，并有规律性地颤动，不同的蜂种存在不同的交配方式，有的蜂种在飞行过程中就成功交配。和蜜蜂雄蜂不同，熊蜂雄蜂交配后不会立即死去，因为它可以拔出阳茎，而且，雄蜂和蜂王都有多次交配的现象。雄蜂交配后不再回巢，白天在野外取食花蜜和花粉，夜晚常在树叶下面过夜。自然界里交配后的新蜂王仍迷恋母群，并不断地去取食花蜜和花粉，待体内的脂肪积累充足时，便离开母群，找地方越冬，此时，经常能观察到又肥又大的蜂王贴着地面慢速飞行，寻找适宜的越冬场所，蜂王通常选择在阴坡树根下的小洞内越冬。此后，老蜂群里的工蜂和蜂王相继死亡，10 月中下旬，蜂王进入休眠状态，在洞穴内度过严寒的冬季。

　　不同的蜂种越冬场所会存在很大差异，但所有的蜂王都会找到一个合适的土壤条件和场所进行越冬。越冬室内的湿度不可太低，当其低于 50% 时，蜂王容易干死，但是，如果湿度过高蜂王常会受到微生物的侵害，蜂王通常会把越冬场所建造于阴坡，因为那里阳光少。越冬休眠的熊蜂王待第二年地面温度上升到某一温度，蜂王就会感知到春天来了，便开始准备一年的生活周期。当然，如果早春地面温度过高时，蜂王也会提早出来，而此时没有开花植物可提供食物，蜂王只能空飞消耗体内贮存的花蜜。越冬场所的深度、土壤条件、种类差异都是蜂王出巢时间的影响因素，但是大部分蜂王在 5 月都会停止冬眠，寻找合适的场所开始新一年的生活。

二、熊蜂授粉特性及应用概况

熊蜂由于不具备家养蜜蜂那样发达的信息交流系统，并且对于低温和低光密度有很强的适应性，因此，更适合为温室作物如西红柿、辣椒、茄子、黄瓜、西瓜、西葫芦、草莓等授粉，无论在坐果率、畸形果率、单果重、还是单果的种子数，熊蜂均比蜜蜂或人工授粉高效得多，更为重要的是熊蜂授粉可以提高果菜的品质，减少化学污染。

近年来，国外研究周年饲养熊蜂已获成功，现已进行室内工厂化繁育，人为打破或缩短其滞育期，大量满足温室作物的授粉需要，并实现了产业化、商品化。如荷兰、比利时、英国、以色列、新西兰、土耳其、美国、加拿大等国相继建立了工厂化周年繁育和出售授粉用熊蜂的专业公司，随时向菜农提供授粉蜂群并销售至国外。通常由几十只至几百只熊蜂组成一个授粉群，可为 2 亩（1 亩 ≈ 667 平方米。全书同）温室作物授粉 1 ~ 2 个月，操作简便，增产效果明显（如番茄增产一般在 30% 以上），果实品质改善，无污染，极受菜农和消费者的欢迎。欧洲、北美目前约有上万公顷的温室利用熊蜂授粉，已获得了可观的经济效益。在土耳其，本国熊蜂公司仅满足了每年所需要授粉熊蜂群 30 万群的 10%。利用熊蜂授粉已成为国内外温室果菜生产的重要技术措施。

中国在熊蜂的繁殖利用方面起步比较晚，直到 20 世纪末，中国农业科学院蜜蜂研究所在专项资金的资助下开始从事这方面的研究工作。目前，该所已初步筛选出数个易于人工驯养、群势强大的本土熊蜂种群，并可做到继代繁殖。并在此基础上，在北京、山东和山西建立了三个饲养中心，年生产规模可达 1 万群，可初步满足相应地区的温室授粉需要。

北京市中以示范农场和上海市孙桥农场分别从以色列和荷兰进口批量的授粉熊蜂为引进温室中的番茄授粉，增产效果达 30% 以上，且果实品质好，果型大小均匀，畸形果率低，其售价为普通产品的 3 ~ 4 倍。据了解，上海孙桥农场在人工授粉的情况下，温室番茄产量为 25 万千克/公顷，而利用熊蜂授粉产量达 33 万千克/公顷，按市价 3 元/千克计算，每公顷可增收 24 万元。同时，利用熊蜂授粉可免除激素污染，提高果实品质，有利于生态环境的改善和保障人民身体健康。随着中国农业现代化的进程和设施农业的发展，熊蜂授粉技术的利用，必将成为"菜篮子工程"中提高温室果菜产量和质量的重要农业技术措施之一，也是生产绿色食品的重要措施。

第三节　壁蜂及其授粉特性

一、壁蜂概述与生活习性

壁蜂属于蜜蜂总科切叶蜂科壁蜂属。各种壁蜂的共同特征是：成蜂的前翅有两个亚缘室，第一个亚缘室稍大于第二个亚缘室，6 条腿的端部都具有爪垫，下颚须 4 节，胸部宽而短，雌性成蜂腹部腹面具有多排排列整齐的腹毛，被称为"腹毛刷"，而雄性成蜂腹部腹面没有腹毛刷。这种腹毛刷是各种壁蜂的采粉器官，成蜂体黑色，有些壁蜂种类具有蓝色光泽，雌性成蜂的触角粗而短，呈肘状，鞭节为 11 节，雄性成蜂的触角细而长，呈鞭状，鞭节为 12 节，唇基及颜面处有 1 束较长的灰白毛。

壁蜂是多种落叶果树的优良授粉昆虫。在全世界范围内约有 70 种，为野生独栖性昆虫。其中，不少种类的形态构造、活动时期与果树的花器和花期相互适应，二者紧密配合、协同进化。下面以角额壁蜂为例简单介绍一下壁蜂的生活习性。

角额壁蜂属膜翅目切叶蜂科的野生蜂，该蜂黑灰色，体长 10 ~ 15 毫米，雌蜂略大于雄蜂，比蜜蜂略小，经人工驯化，诱引其集中营巢，1 年中有 320 天左右在管巢中生活，在管巢外生活 40 天左右。以茧内成虫在管巢内越冬，翌春气温上升至 12℃ 时，成蜂在茧内开始活动，并咬破茧壳出蜂。为使出蜂与果树花期保持一致，需采用冷风库或家庭电冰箱的保鲜室 1 ~ 5℃ 贮藏种茧。一般从出蜂释放、授粉、繁蜂、回收经历的过程是 30 ~ 40 天。壁蜂从释放开始，5 ~ 9 天开始筑巢、产卵。卵期 7 ~ 10 天，孵化的幼虫靠吃花粉团生长发育，幼虫经过 30 ~ 35 天后开始化蛹，经过 40 ~ 60 天蛹羽化为成虫，进入越冬期，翌春出蜂。此蜂 1 年 1 代，自然生存、繁殖力强、性温和、无需喂养。

二、壁蜂授粉特性及应用概况

早在 20 世纪 50 年代时，日本就开始研究角额壁蜂的人工利用，其为苹果、梨等果树授粉，效果显著，能使坐果率由 15% 提高到 50% 左右，1958 年已在本州中部和北部推广应用，利用野生壁蜂授粉取代人工授粉的繁重劳动。美国从 1972 年以来，一直开展果园蓝壁蜂生物学及人工增殖技术研究，利用它为苹果、扁桃授粉效果明显；前苏联波尔塔夫农业试验站自 1973 年开展研究利用红壁蜂 *O. rufa* L. 为三种樱桃、两种苹果授粉，提高产量 2 ~ 3 倍，年繁殖规模达 500 万头；欧洲西班牙分布有橘黄壁蜂，引进美国后为扁桃授粉也取得很好效果。

中国于 1987 年开始从日本引进角额壁蜂，先后在河北、山东等地进行授粉试验，结果表明，角额壁蜂对提高杏、樱桃、桃、梨、苹果的坐果率和果品质量的改善具有明显的效果。同时，有研究者从山东、河北（石家庄果树所）、陕西（西北农大）、北京（北京市农科院）及四川等地收集到凹唇壁蜂、紫壁蜂、叉壁蜂、壮壁蜂，其中以凹唇壁蜂繁殖快，种群数量大，授粉效果最明显，目前，已成为我国北方果区的优势蜂种。

凹唇壁蜂与其他蜂种相比，抗低温能力强。该蜂早春开始起飞温度为 12 ~ 13℃，日活动时间为 7:30 ~ 19:40，日工作时间为 12 小时；角额壁蜂的起飞温度是 14 ~ 16℃，日活动时间为 8:00 ~ 19:00，日工作时间为 10 小时；紫壁蜂的起飞温度为 15℃，日活动时间 9:30 ~ 18:30，日工作时间 9 小时；而意蜂的起飞温度 17℃，活动的适宜温度为 20 ~ 30℃，超过 35℃ 或低于 17℃ 则不利于营巢活动，蜂群的日活动时间为 9:30 ~ 18:30，日工作时间为 8 ~ 9 小时。壁蜂在雨天或 6 级以上大风低温天气则不出巢活动。

凹唇壁蜂授粉能力强，访花一次的花朵（经套袋）坐果率为 68.8%，紫壁蜂和意大利蜂分别为 63.1% 和 40.8%。授粉能力强的原因是壁蜂访花时直落花朵，用腹毛刷收集花粉时与花朵雌蕊柱头接触面大，受精概率高，花朵授粉充分；意大利蜂（采粉蜂）用后足花粉篮收集花粉，接触柱头机会少，而大部分意蜂只采蜜，访花时落在花瓣上，将喙插入蜜腺中吸蜜，不能接触雌蕊柱头，授粉概率非常小。日本学者前田推算角额壁蜂日访花 4 050 朵，柱头接触率达 100%，日坐果数为 2 450 个，而意大利蜂的日坐果数只有 30 个，角额壁蜂个体授粉能力为意蜂的 80 倍。

壁蜂授粉后，改善和提高了果实的品质。如苹果的单果种子数比自然授粉增加 2 ~ 3 粒。随着果实中的种子数增加，种子分泌的激素相应增多，加强了果实对营养物质的竞争能力，生长快、果实大。单果增重 10 ~ 20 克，横径增加 0.2 ~ 0.5 厘米，从而提高了产量。同时一级以上果品率增加 10% ~ 30%。提高了果品的商品等级和价值。果实中含种子数增多，果形端正，也是果品等级质量的一个标准。偏果主要是果实的一侧常常缺少种子。壁蜂授粉后，由于种子数增加，正果率增加 10% ~ 20%，改善了果品外观质量。同时，壁蜂授粉的果园，果实着色好，糖酸比值较高。这些现象符合果实成熟时的生理变化规律。在人工授粉的果园，常听到人们反映人工授粉的苹果，个头大，色泽鲜艳，其原理可能与壁蜂授粉相同。

第四节 切叶蜂

一、切叶蜂概述及生活习性

切叶蜂是蜜蜂总科中长口器的进化类群之一，是农、林、牧业植物的重要授粉蜜蜂。切叶蜂同蜜蜂外形相似，但这类昆虫最明显的特征是他的腹部生有一簇金黄色的短毛。由于它们常从植物的叶子上切取半圆形的小片带进蜂巢内而得名。切叶蜂是膜翅目蜜蜂总科切叶蜂科切叶蜂亚科切叶蜂属的昆虫。该属在世界范围内广泛分布，种类超过 2 000 种。欧美一些国家广泛利用的苜蓿切叶蜂已商品化。中国各地广泛分布着百余种切叶蜂，为各种果树、蔬菜、牧草等授粉。例如，北方分布的北方切叶蜂和南北方均有分布的淡翅切叶蜂都是苜蓿重要的授粉蜂。

切叶蜂体大型或中型，黑色，偶有体色或腹部红黄色，体毛较长而密；口器发达，中唇舌长一般达腹部，下唇具颏及亚颏，上唇长，上颚宽大，一般具 3~4 齿，唇基端缘直或微圆；头部宽大，几乎与胸等宽。头及胸部密被毛，前翅具 2 个等大的亚缘室，爪不具中垫，一些种类雄性前足跗节宽大而扁平，浅黄色。腹部宽扁，雌性腹部腹板各节具整齐排列的毛刷，为采粉器官，雄性腹部第 7 背板具小齿状凸起或表面凹陷；腹部背板被毛或背板端缘具浅色毛带。雌蜂具螫刺，但不主动攻击，很少用它，螫人时只会引起一点疼痛，有利于饲养。雄蜂不具螫刺。

切叶蜂为独栖性昆虫。在自然状态下，交配后的雌性切叶蜂大都利用比其身体稍大，直径约 7 毫米的天然的孔洞，如树干上的洞穴、建筑物的洞或裂缝，以及壁蜂、木蜂和其他切叶蜂出巢后留出的空巢、甲虫等其他昆虫的蛀洞等现成的洞穴筑巢，有的利用材质较软，具木髓的植物（如玫瑰）枝干，将木髓挖除作巢，偶尔有的在地穴中筑巢。通常切叶蜂较喜爱在朝南或东南向的巢穴筑巢。

切叶蜂寡食性或多食性，独栖性生活，1 年繁殖 1~2 代。切叶蜂分雄蜂和雌蜂 2 种，春季雄性切叶蜂先于雌蜂出房，出房后在未出房的雌蜂巢穴上方盘旋飞行，寻找雌蜂交配，雄蜂交配后在几日内死亡。雌蜂有产卵繁殖后代的能力，也是主要的授粉者，雌蜂交配后从事筑巢、采集和培育后代的工作。

雌性切叶蜂在 3~4 月出房，出房后即与等候在巢穴周围的雄蜂交配。通常，雄蜂可与几只雌蜂交配，而雌蜂只交配 1 次。交配过的雌蜂在数日内选定巢穴，并在将巢穴清理干净后开始采集、筑巢和产卵。筑巢时，切叶蜂到其喜爱的植物（如玫瑰、杜鹃花、紫荆等植物）上，用上颚在叶片上咬切下直径约为 2 毫米的圆形叶片，带回巢穴后卷成筒状并将其一端封闭形成巢室。接着，切叶蜂开始采集花粉和花蜜，将花粉和花蜜混合成蜂粮贮于巢室内。当巢室内蜂粮达 1/2~2/3 时，切叶蜂便在蜂粮上产下 1 粒卵，然后再另切 3~10 片圆形叶片封闭巢室。第 2 个巢室直接筑于第 1 室上，直至巢穴或巢管造满巢室。当巢穴筑满巢室后，用叶片、树脂、木块、泥土封闭巢口。1 只雌蜂 1 个生活周期是 60 天，可产 30~40 粒卵，完成筑巢和产卵繁殖后逐渐死亡。产在巢穴中的卵经过 2~3 天孵化成幼虫，幼虫取食巢室内的蜂粮不断发育成长，历期约 14 天。然后以末龄幼虫冬眠越冬，翌年春季化蛹羽化。一般雌性切叶蜂在化蛹后 5~7 天羽化成虫出房，雄性切叶蜂约在化蛹后 5 天羽化。一般 1 个巢穴中培育的雌蜂约占 2/3，雄蜂约占 1/3。

二、切叶蜂授粉特性及应用概况

采集花朵时，切叶蜂会首先将花朵打开，然后再钻进花朵内采集，这时切叶蜂腹部在花上擦来擦去将花粉粒黏在绒毛上，当它采访其他花时，以同样的方式进行采集，就将前 1 朵花的花粉传到了其他花的柱头上，从而完成了植物授粉的过程。

切叶蜂喜在气温高于 20℃、干燥、有阳光的晴天活动。采花较专一，采集半径在 30~50 米。一些种类的切叶蜂采访苜蓿等豆科牧草的速度极快，据观察每分钟可采苜蓿花 11~25 朵，授粉效率极高，远非其他种蜜蜂所能比。

苜蓿切叶蜂原产于西亚和欧洲，20 世纪 30 年代传入美国，60 年代传入加拿大，现在已分布于世界各大洲的许多国家和地区。苜蓿切叶蜂是加拿大和美国西北部苜蓿最重要的授粉者，目前，加拿大苜蓿种子田 90% 以上的面积使用切叶蜂，它已成为种子生产中不可缺少的重要措施。中国于 20 世纪 80 年代末期引入该蜂，多年的试验研究表明，苜蓿切叶蜂的确是苜蓿最重要的授粉者，可以产生明显的经济效益。在中国"三北"地区的苜蓿种子生产区都可使用，在温暖少雨、日照充足的西北地区更为适宜，为这些地区能够灌溉的苜蓿授粉将能发挥苜蓿切叶蜂最大的效力。

与蜜蜂或其他授粉蜂类相比，苜蓿切叶蜂有许多突出的优点。

1. 专一性强

此蜂是寡食性的，只采访少数植物，且特别喜欢苜蓿，因此不被附近的其他开花作物或杂草所吸引而分散授粉效果。

2. 授粉效率高

雌蜂采访花朵的速度快，一般每分钟可采访 11～15 朵花，在高温、晴朗和苜蓿花稠密的条件下，一分钟可采访 25 朵花，在收集花粉的同时迅速有效地为作物授粉。

3. 授粉强度大

该蜂绝大部分个体喜欢在蜂箱附近 30～50 米范围内进行采访活动，使苜蓿结实快、种子成熟整齐一致。

4. 饲养管理比较容易

苜蓿切叶蜂喜欢集聚，愿意在地面以上人工建筑的巢内做巢，这种蜂巢便于移动，可以在一个生长季节内为开花期不同的多个苜蓿品种授粉，提高蜂的利用率，该蜂只在苜蓿田中有限的范围内活动，几乎不受周围农田施用化学杀虫剂的影响，一年中在田间活动的时间只有 40～50 天，其余时间大都以相对静止的虫态在室内生活，因而相对容易管理。

5. 使用方便

苜蓿切叶蜂以预蛹状态滞育越冬，能在 0～10℃ 条件下储藏，经足够低温处理的蜂茧很容易打破滞育并能准确预测其羽化时期，在人工控制的条件下进行孵育，在田间需要时，及时放入田间为苜蓿授粉。

6. 经济回报率高

养蜂设备不多，一次投入可以反复使用多年，却能产生可观的经济效益。

第五节　其他几种有应用前景的授粉昆虫

一、大蜜蜂

大蜜蜂又称排蜂，是分布于中国云南南部、广西壮族自治区南部、海南岛和台湾的一种大型野生蜜蜂。

大蜜蜂体黑色、细长，唇基点刻稀，触角基节及口器黄褐色，上唇、下唇及足色泽较浅，呈栗褐色。前翅黑褐色并具紫色光泽，以前缘室及亚前缘室最深，后翅较浅。体毛短而密，颜面毛短而稀，灰白色；颅顶、脚部背板及侧板上的毛长而密，呈黑色或黑褐色；小盾片及并脚腹节上的毛长，黄色，足毛褐色，前足各节外侧毛较长，呈黄色，中足及后足基蹄节内侧有金黄褐色毛，第1至第3腹节背板被短而密的橘黄色毛，其余各节被黑褐色短毛。大蜜蜂随季节不同有明显的迁徙习性。5～8月在高大的阔叶树上筑巢繁殖。繁殖季节在树枝分叉的弯曲处营巢，多离地面10米以上一群或数群、有时数十群聚集在一棵高大树上。9月以后，迁往海拔较低的河谷，在浓密的灌木丛中采集贮存蜂蜜，准备越冬。

大蜜蜂体长16～18毫米、吻长、飞行速度快，是热带地区的一种宝贵的授粉蜜蜂资源。印度已成功地将其箱养，可以转地。大蜜蜂可以为多种植物授粉，尤其是对砂仁授粉效果特别显著。

二、小蜜蜂

小蜜蜂主要分布于南亚及东南亚，西部边界为阿曼北部和伊朗南部。在中国，主要分布于云南省北纬26°40′以南的广大地区，以及广西南部的龙州、上思等地。

小蜜蜂常在草丛或灌木丛中筑巢，环境十分隐蔽。营造单一巢脾，宽15～35厘米，高15～27厘米，厚16～19.6毫米，上部形成一近球状的巢顶，将树干包裹其内为贮蜜区，中下部为育虫区，3型巢房分化明显，工蜂房位于中部，直径2.7～3.1毫米，深6.9～8.2毫米；雄蜂房位于下部或两下侧，直径4.2～4.8毫米，深8.9～12.0毫米；王台多造在下沿，长13.5～14.0毫米，基部宽8.5～10.0毫米。3型巢房筑造次序明显，即先建造工蜂房，供贮蜜、贮粉、产卵、育虫，至群势发展至一定程度，继尔建造雄蜂房培育雄蜂，最后建造王台培育蜂王，准备分蜂。

在中国的云南南部，小蜜蜂蜂群通常在2月开始产卵繁殖，4～5月达到高峰，子脾面积可达600平方厘米，群势可达上万只。6～8月气温高，蜜源缺，蜂王产卵很少。9～11月是第2个繁殖期。12月至翌年1月气温低时停止繁殖。2月底、3月初开始培育雄蜂，最多时可达育虫面积的1/4。

小蜜蜂属于社会性小型蜜蜂，数量多，体积小而灵活，可以深入花管为植物授粉。据报道，小蜜蜂可在短期内进行人工饲养，但当外界蜜源缺乏时，常弃巢飞逃。可以进一步研究进行人工驯化，利用其为作物和果树授粉。

三、无刺蜂和麦蜂

蜜蜂总科中许多无刺蜂和麦蜂是社会性昆虫。一些种群中可以由 8 000只个体组成；而另一些种群则由少于 100 只个体的蜂组成。无刺蜂属和麦蜂属是两个很重要的属，它们广泛分布于世界上热带和亚热带地区，可以为多种作物授粉，可以长时间生产蜂蜜和蜂蜡，是很有开发潜力的授粉蜂种。

无刺蜂雌蜂具有弱的或发育不全的蜇针，但不会造成疼痛，因而称为"无刺蜂"。一些蜂种上颚发育强壮，足以咬人一口或拉毛发。另一些种则可以从口器中发射腐蚀性液体，若接触到皮肤会引起强烈的疼痛。然而，多数种并不招人讨厌，人们可以安全、容易地控制它们。

人类饲养无刺蜂已有几个世纪。最初，蜂群是被养在瓠果、树干或相似的巢穴中，后来改进了巢箱，以便于管理和转运。巢箱的体积是 0.3 立方米，足够容纳 3 000 ~ 5 000只蜂。如果需要的话，还可以增大巢箱空间以容纳较大的蜂团。

无刺蜂为农作物授粉有如下几方面的优点：①无刺蜂不蜇人，因而不会伤及附近的人或动物。②无刺蜂一年中可采集到数量可观的花蜜和花粉，因而肯定采集和访问许多花朵。③可以像蜜蜂那样被人们饲养于蜂箱内。④蜂巢小，易于管理，相对便宜。⑤蜂群不会成为无王群。

尽管无刺蜂具有上述优点，但同时无刺蜂的应用也具有其缺陷性：①不能适应寒冷的天气，因而仅限于热带及亚热带地区。②副产品的数量比蜜蜂少得多。

四、彩带蜂

彩带蜂中最典型的代表是黑彩带蜂，它是苜蓿的高效授粉昆虫，多数在具有淤泥的或具有细砂黏土的盐碱土壤上筑巢。

黑彩带蜂个体和蜜蜂差不多大，体色为黑色，带有彩虹的铜绿色条纹环绕着腹部，雄蜂的触角比雌蜂触角大得多。巢穴通常是由像一支铅笔大小的垂直通道构成，其表面可向下扩展 25 厘米深，但通常只有 7.6 ~ 12.7 厘米深。通常，一片巢脾状的蜂巢上可以排列 15 ~ 20 个巢房，每一个巢房呈卵圆形的洞，比主通道口略大，约 1.27 厘米长。首先，用土壤做巢房的内壁，然后，彩带蜂以中唇舌向巢房壁分泌一层防水的透明液体。每个巢房都被提供一个 1.5 ~ 2 毫米的卵圆形花粉球，这些花粉球是由 8 ~ 10 个彩带蜂花粉团与花蜜相混合而制成的。

成年蜂一般在6月底至7月底羽化，这主要取决于地点和季节。雄蜂比雌蜂早出现几天。在羽化前，每一个彩带蜂都被限制在它自己出生的巢房里。卵期3天，正在生长的幼虫期8天，完全发育的休眠期幼虫10个月，蛹期2个月，硬化、成熟期的成虫若干天。在近一个月的成虫活动期中，雌性负责建造、供应食物，并在巢房中产卵。

三叶苜蓿的花蜜和花粉构成了大多数黑彩带蜂的基本食物来源。它们也访问其他种类的植物，例如，苜蓿、薄荷、洋葱、甜苜蓿、盐香柏、俄国蓟等。

近年来，科学家们研究出一种可靠的办法用来准备和贮存黑彩带蜂的筑巢点或"蜂床"。这样的蜂床现在可以成功地在以前没有出现过黑彩带蜂的地方进行准备和贮存。

黑彩带蜂可有效地为苜蓿授粉，并能提高种子作物的产量。据报道，278.7平方米的蜂床可为80公顷的作物提供授粉，而且，黑彩带蜂的租金也比蜜蜂经济得多。据资料显示，一个278.7平方米的蜂床在1970年的造价为600美元。

但是，黑彩带蜂也有很强的局限性。例如，黑彩带蜂的应用仅限于雨量大的地区，特别是在活动季节靠不住。由于蜂床不能被运输，因此，被授粉的作物必须种在蜂床的附近。蜂床必须在它所需授粉服务之前的好几个月开始计划和建设。此外，蜂床极易由于洪水、捕食者、寄生者、疾病、杀虫剂和其他农业措施的影响而很快地失去。

五、地蜂

常见的种类有黑地蜂、白带地蜂和油茶地蜂等。体长7～10毫米，全身密被绒毛，雌蜂后足转节具有毛刷，为采粉器官。据观察，地蜂可为苜蓿、向日葵、桃、紫薇、山梅等16种植物授粉，并且授粉效果较好。值得一提的是，有几种地蜂在长期协同进化中适应了油茶的生化特点和物候特点，能够在油茶林中大量繁殖，如油茶地蜂每平方米有200多只，可有效地为油茶授粉而不用担心授粉中毒问题。

可以设想，若能成功地将地蜂进行人工饲养并在生产中加以应用，必将产生明显的经济效益和社会效益，其应用前景乐观，有待于进一步深入研究。

六、无垫蜂

常见种类是绿条无垫蜂，体长 13 ~ 14 毫米，腹部背板上有鲜艳的绿色绒毛带，吻很长，可达 7 ~ 8 毫米。生活能力强，动作灵活、敏捷，采访一朵花只需 2 ~ 3 秒，授粉效果很好。可为南瓜、向日葵、木槿、红三叶草、砂仁、油菜、甘蓝、荞麦、菜豆等 46 种植物授粉，有待于进一步研究、驯化。

七、木蜂

木蜂属于蜜蜂总科木蜂科，中国已经发现 21 种，其中，有 18 种分布于云南。较为常见的是黄胸木蜂。体长 17 ~ 19 毫米；后足扁而平，形成花粉筐；营巢于木头、竹筒里，只有一个孔道；耐寒性很强，外界气温 15℃时，仍能到处采集花粉。体大舌长，能携带大量花粉，授粉效果较好。据研究，木蜂能为菜豆、白芸豆、瓜类、果树、蔬菜、牧草等 67 种作物授粉。但木蜂尚未被人类成功驯化。

第三章

大田蜜蜂授粉技术
与应用实例

蜜蜂是开花植物理想的授粉昆虫，蜜蜂授粉是指以蜜蜂为媒介传播花粉，使植物实现授粉受精的过程。蜜蜂授粉有利于提高授粉效率和坐果率，促进作物的增产增收，改善作物品质，因此，蜜蜂授粉技术和作物品种改良、耕作栽培措施改进和植保施肥技术提高等农艺措施一样，也是提高作物产量和改善作物品质的一项重要的农艺配套措施。

大田授粉，除自养蜂群授粉外，一般都和养蜂生产相结合，由养蜂人员根据农作物和种植业主的需要，提供和管理授粉蜂群，相互之间形成互惠关系，或租赁关系。具体而言，无论是租蜂还是自养蜜蜂为作物授粉，都应注意相关的授粉技术环节。

第一节　大田蜜蜂授粉配套技术

一、作物授粉前的准备

授粉前，需要对授粉作物和授粉作物生长的环境进行全面检查。作物的水肥状况和健康状况直接关系到作物的泌蜜或吐粉，而这些作为作物回报蜜蜂的报酬物对吸引蜜蜂具有重要的作用，因而，对于能否吸引足够的蜜蜂为作物进行充分的授粉具有重要的作用。因此，必须确保授粉作物水、肥充足，生长状况良好，无病虫害发生和流行的前奏或隐患，同时，适当的时候可以提前铲除杂草。必要时，可以提前防治病虫害，注意选择无公害或残效期短、残留量较低的化学农药进行防治，所选择的化学农药或生物农药要确保在蜜蜂进场后对蜜蜂无毒或低毒，以确保授粉蜂的安全。在此需要注意的是，根据中国农业科学院蜜蜂研究所的研究，并不是所有的杀菌剂对蜜蜂的毒性都比杀虫剂对蜜蜂的毒性低，农药对蜜蜂的危害需要根据农药厂家或农业部药检所提供的相关数据对药剂的安全性进行初步的评价，必要时咨询相关专家，防止农药对蜜蜂毒害事件的发生。

同时，在利用蜜蜂为果树或经济作物授粉时，尤其是为雌雄异株的果树授粉时，要注意保持留有一定数量的授粉树，同时，不进行去雄处理，果树也要在花期前进行适当、适时的修剪，授粉后再根据需要进行必要的疏花疏果，加施肥料和进行灌水处理。

二、授粉蜂群的准备

1. 授粉蜂群的获得与选择

获得授粉蜂群的方法有 3 种：一是租赁，二是购买，三是收捕野生蜜蜂（或分蜂群）或自养蜜蜂。通常以租赁为主，如果需要，应该向连年高产稳产的蜂场购买，以确保蜜蜂的授粉效果。

挑选蜂群应在晴暖天气的中午，所购蜂群要求蜂多而飞行有力有序，蜂声明显，工蜂健康，有大量花粉带回，巢前无爬蜂等病态。打开蜂箱观察，蜂王颜色新鲜，体大胸宽，腹部秀长丰满，行动稳健，产卵时腹部伸缩灵敏，动作迅速，提脾安稳，产卵不停；新工蜂多，性情温顺，开箱时安静、不扑人、不乱爬，体色一致。子脾面积大，封盖子整齐成片、无花子，无白头蛹等病态；幼虫色白晶亮饱满。巢脾不发黑，雄蜂房少或无，有一定数量的蜜粉。在早春群势不应小于 2 框足蜂，夏秋季节大于 5 框，子脾占总脾数的一半以上。

2. 授粉蜂群的前期准备

利用意蜂授粉，可采用郎氏标准蜂箱，与其他蜂具也都配套、通用。也可制造专门的授粉用蜂箱，与郎氏标准蜂箱的区别是箱内仅能放 3～4 张标准巢脾。利用中蜂授粉，可用蜂桶饲养，也可用蜂箱饲养。

蜂群的前期管理主要包括蜂群的检查、蜂群的饲喂和病害防治 3 个方面。

（1）蜂群的检查

活框饲养的意蜂和中蜂多以观察为主，必须开箱时按下述方法操作。

检查时，人站在蜂箱的侧面，尽可能背对光线或上风向，先拿下箱盖，斜倚在蜂箱后箱壁旁，揭开覆布，用起刮刀的直刃撬动副盖取下，反搭在巢门踏板前，然后，将起刮刀的弯刃依次插入蜂路撬动框耳，推开隔板或把隔板取出，用双手拇指和食指紧捏巢框两端的框耳，将巢脾水平竖直向上提出，置于蜂箱的正上方。先看正对着的一面，再看另一面。检查过程中，需要处理的问题应随手解决，无特别情况，检查结束时应将巢脾恢复原状，或以卵虫脾居中、封盖子脾在虫脾和粉蜜脾之间、蜜脾在外的方式排列蜂巢内的巢脾。恢复蜂路时，巢脾与巢脾之间相距 8～10 毫米，夏季、秋末断子时期或大流蜜期可适当宽些，弱群和繁殖群可适当窄些，应灵活掌握。最后，推上隔板，盖上副盖、覆布和箱盖。开箱检查的目的是了解蜂王、蜂子、蜂粮、蜂数、病虫等情况，以便对蜂群采取相应的管理措施。

（2）蜂群的饲喂

蜜蜂的营养是影响蜂群群势和授粉积极性的重要因素。充足优质的饲料是蜜蜂正常生长发育的保证，可使羽化出的蜜蜂健康、寿命长、抗逆力和采集力强，也是蜂王产卵多、蜂群迅速发展壮大的基础。

蜜蜂幼虫的食物和蜂王产卵时期的食物都是工蜂供给的蜂王浆。正常情况下，这些食物是 6～13 日的工蜂腺体分泌物和蜂粮等组成，保证幼虫对食物需要的基本条件，首先是哺育蜂充足，如越过冬的 1 只工蜂仅能喂养 1 只幼虫，春天新羽化出来的 1 只工蜂可养活近 4 只幼虫；其次是巢穴中有充足的蜂蜜和蜂粮。

成年蜜蜂的基本食物是蜂蜜或花蜜、花粉、水等。蜂蜜为蜜蜂提供能源，并可转化为脂肪和糖元，成年蜜蜂靠吃蜂蜜可长期生活。花粉对刚羽化幼蜂的生长发育和王浆腺的发育、腺体发育等必不可少，培育幼虫必须有花粉。水是生命之源，蜜蜂的一切活动都离不开水。另外，蜜蜂还需要矿物质和维生素等。

蜂蜜是蜂群的主要饲料，是蜜蜂的最主要的能量来源。在外界蜜粉源缺乏而群内又缺饲料的情况下，短时间内（3～4 天）喂给蜂群大量的蜜汁或糖浆，让蜂群贮备足够的饲料，以度过饥荒的日子，这叫补助饲喂。方法有直接将贮存的蜜脾加入巢穴，或喂 50% 的糖浆（白糖 1 份加水 1 份）。将水烧开，然后加入等量的白糖，搅拌使其溶解，放凉，在傍晚倒入饲喂盒中，再置于箱中隔板外侧。若蜂箱内干净、不漏液体，也可以将箱的前部垫高，傍晚把糖浆直接从巢门倒入箱内喂蜂。

在蜂巢内贮蜜较足，但外界蜜源较差，给蜂群连续或隔日喂少量的蜜汁或糖浆，直到外界流蜜为止，以此来促进蜂群的繁殖和王浆、花粉的生产。这叫奖励饲喂，蜜蜂授粉时也可采用。每日意蜂喂 200～500 克，中华蜜蜂 100～300 克，饲喂的量以够当天消耗不压缩卵圈为宜。

在温暖天气，还可在蜂场开阔的地方挖一个直径 1 米的圆坑，铺上塑料布，上放秸秆，注入干净的清水，蜜蜂就会取食。水要清洁卫生，箱内喂水要少喂勤喂，防止变质。

花粉的饲喂可以促进蜂王产卵，这对于群势的壮大大有裨益。加适量开水，将花粉团闷湿润，加入适量蜜汁或糖浆，充分搅拌均匀，做成饼状或条状，置于蜂巢大幼虫脾的框梁上，上盖一层塑料薄膜，吃完再喂，直到外界粉源够蜜蜂食用为止。

新蜂王群繁殖能力强，工蜂育儿积极，采集勤奋，对植物授粉非常有利。因此，在蜂群进入场地前，应更换老、劣蜂王，具体办法如下。

根据养蜂授粉实践，应在当地第一个主要蜜源泌蜜期盛期育王，可以早分蜂，增加授粉蜂群数量；或在授粉开始前 80 天或 20 天育王，前者培育的蜂王产生的蜜蜂是授粉适龄蜂，后者培育的蜂王在授粉开始时刚好产卵，对授粉都有利。移虫育王的数量一般为需要量的 120%。

蜜蜂的性状受父本和母本的影响，育王之前选择父群培育雄蜂，遴选母群培育良种幼虫，挑拣正常的强群哺育蜂王幼虫。授粉蜜蜂种群的选择应突出繁殖快、抗病强、温驯、工蜂体色一致等优良性状。

（3）授粉蜂群的组织

蜜蜂经过越冬期后，进入春天的缩脾、保温、治螨、奖励饲喂、加脾等工作，壮大了群势。这时外界需要授粉的植物先后开花吐粉。由初花期到盛花期，蜂群逐步投入授粉。授粉植物开花前，应组织好授粉群。

培育大量适龄的采集蜂是授粉成功的关键。蜂群在进入授粉前的 45 天到结束前的 30 天，视蜜源的丰欠，适当奖励饲喂蜜蜂，繁殖适龄授粉工蜂（见前述），条件许可的更换蜂王。

早春为杏、梨、桃、苹果等授粉，应选择 5 框以上的无病强群，保持蜂多于脾，繁殖和授粉兼顾，做好保温、喂水和奖励饲喂工作。

合适蜂群的群势是授粉成功的关键，群势过弱则容易引起授粉不足，而群势过强则易引起授粉过度。授粉群的组织方法最好是从辅助群中陆续提老蛹脾加到主群中组成，最好在盛花期前 5 天左右完成。转地饲养的蜂群应到授粉场地后再组织。对于群势较强的蜂群，可以考虑分蜂。分蜂即从 1 个或几个蜂群中抽出部分蜜蜂和子脾、蜜脾，导入 1 只蜂王或成熟王台，组成 1 个新蜂群。人工分蜂应结合育王工作，在蜂王羽化前 2 天进行，分出的蜂群，应有 2~3 个子脾，1~2 个饲料脾，方法如下。

① 1 群分 2 群：先将原群蜜蜂的蜂箱从原位向后移出 1 米，取 2 个形状

和颜色一样的蜂箱，放置在原群巢门的左右，两箱之间留 0.3 米的空隙，两箱的高低和巢门方向与原群相同，然后把原群内的蜂、卵、虫、蛹和蜜粉脾分为相同的 2 份，分别放入两箱内，若将老蜂王淘汰，第 2 天各导入 1 个成熟王台或各介绍 1 只新产卵蜂王，否则一群留老蜂王，一群导入 1 个成熟王台或介绍 1 只新产卵蜂王。

②1 群分 3 群：如果蜂群群势强壮，可 1 分为 3。先将原群蜜蜂的蜂箱从原位向后移出 1 米，取 2 个形状和颜色一样的蜂箱，巢门方向呈直角放置在原群巢门的左右，两箱之间留 0.3 米的空隙，然后把原群内的蜂、卵、虫、蛹和蜜粉脾分为相同的 3 份，分别放入 3 箱内。若将老蜂王淘汰，第 2 天各导入 1 个成熟王台或各介绍 1 只新产卵蜂王，否则 1 群留老蜂王，另 2 群各导入 1 个成熟王台或各介绍 1 只新产卵蜂王。

新分蜂群的群势以 3~4 脾足蜂为宜，蜂脾相称或蜂略多于脾，维持饲料充足。

（4）蜂群的度夏管理

高温是影响蜂群正常工作的重要原因。7~9 月，在我国广东、浙江、江西、福建等省，天气长期高温，蜜粉源枯竭，敌害猖獗，蜂群以减少活动、停止繁殖来应对这种现象。蜂群在越夏前做好更换老劣王、培育越夏蜂、喂好越夏饲料、调整蜂群群势、防病治好螨工作，越夏期间还要做好通风遮阳、增湿降温、防中毒、防干扰、防盗蜂、治螨除虫等工作。

在越夏期较短的地区，可关王断子，在有蜜源出现后奖励饲养进行繁殖。在越夏期较长的地区，适当限制蜂王产卵量，但要保持巢内有 1~2 张子脾，2 张蜜脾和 1 张花粉脾，饲料不足须补充蜜粉脾。

在有辅助蜜粉源的放蜂场地，应奖励饲喂，以繁殖为主，兼顾王浆生产。繁殖区不宜放过多的巢脾，蜂数要充足。

（5）蜂群的越冬管理

蜜蜂属于半冬眠昆虫。在冬季，蜜蜂停止巢外活动和产卵育虫，结成蜂团，以贮备的饲料为食，处于半蛰居状态，以适应寒冷的环境。蜜蜂越冬是从当地最后一个主要蜜源结束开始，我国北方蜂群的越冬时间长达 5~6 个月，而南方仅在 1 月有短暂的越冬期。蜂群越冬有室外和室内两种方式。

室外越冬场地要求背风、向阳、干燥、卫生，在一日之内须有足够的阳光照射蜂箱，场所要僻静，周围无震动、声响（如不停的机器轰鸣）。注意防范老鼠、防火，越冬前喂足越冬饲料，越冬期间进行适当地保温处置（如在箱底、箱侧垫草），并在巢穴上方留一小孔，与巢门互通空气。

室内越冬场所要求房屋隔热性能好，空气畅通，温度稳定在 0 ~ 4℃，湿度稳定在75% ~ 85%，保持室内黑暗、安静。

长江以南地区，冬季气温变化幅度较大，蜂群在室外越冬或入室越冬之前，把蜂王用竹王笼关起来，强迫蜂群断子45 天以上，待蜂巢内无封盖子时防治蜂螨。

（6）蜂群的病虫害防治

蜂群生病多表现在个体的死亡，在授粉开始前应注意检查，积极防治蜜蜂的病虫害发生，以确保蜜蜂的健康，使得授粉蜜蜂授粉积极主动。如有病虫害发生，应及时参照各种病虫害的防治方法进行防治。

三、授粉蜜蜂蜂群的运输

1. 授粉蜂群进场时间的确定

不同植物的泌蜜吐粉时间不一样，应根据不同作物选择合适的蜂群进场时间。对于一些蜜粉丰富的植物，如荔枝、龙眼、向日葵、荞麦、油菜等，可提前 2 天把蜜蜂运到场地；对于泌蜜量较少的植物，如梨树，可以考虑在植株开花达25%时再把蜂群运到场地；对于紫花苜蓿，当花开到10%时可以运进一半的授粉蜂群，7 天后运进另一半；而甜樱桃、杏喝桃等花期相对较短的植物，则应在初花期或开花前就把蜂群运送到授粉场地，使蜂群提前适应场地，以提高授粉效果。

2. 授粉蜂群数量的确定

为大田作物授粉所需蜂群的数量，取决于蜂群的群势、授粉作物的面积及分布、花的数量、花期及长势等。根据实践经验，如果授粉作物是 500 亩以上连片分布的，那么1 个 15 框蜂的意蜂强群可承担的授粉面积大致如表3 - 1 所列。

表3 - 1 15 框蜂/群有效授粉面积　　　　　　　　（亩）

作物	向日葵	棉花	紫云英	瓜类	草木犀	苕子	牧草	荞麦	油菜	果树
面积	10 ~ 15	10 ~ 15	4 ~ 5	7 ~ 10	3 ~ 4	4 ~ 5	4 ~ 5	4 ~ 6	4 ~ 6	5 ~ 6

3. 授粉蜂群的运输

利用汽车运输意蜂，须巢脾固定不松动，蜂箱捆扎结实；黑暗和轻微的震动对蜜蜂保持安静十分有用，充足优质的饲料和饮用水，是蜂群正常繁殖的首要条件，恰好的停车放蜂或在特殊情况下临时卸车放蜂是必要的。在夏季，由于气温高，一般而言，开巢门运蜂比关门运蜂更安全。在利用汽车长距离运送蜜蜂时，应注意以下几方面的问题。

①选用蜂车。运输蜜蜂的汽车，必须车况良好，干净无毒，车的大小（吨位）和车厢大小与所拉蜂量、蜂箱装车方法（巢门朝前装或横向两侧装）相适应。

②饲料及水。运输蜂群，箱内应有充足的成熟饲料，忌稀蜜运蜂，饲料的多少，以在到场地后不应发生蜂群饥饿为最低限度。饲料不足，应提前3天饲喂。

长距离运蜂（第2天10点前不能到达的），在装车前2小时，给每个蜂群喂水脾1张，并固定，或在装车时从巢门向箱底打水（喷水）2~3次。

③固定蜂群。使用海绵压条固定巢框，或用铁钉、框卡等固定。然后用绳索或弹簧等捆扎、连接上下箱体。

④装蜂上车。装卸人员穿戴好防蜂蜇的衣帽，系好袖口和裤口，在蜂车附近，燃烧秸秆，产生烟雾，使蜜蜂不致追蜇人畜。装车以4个人配合为宜，1人喷水（洒水）或关门，2人挑蜂，1人在车上摆放蜂箱。先装蜂群，关门运蜂，巢门朝前，箱箱紧靠，汽车开动，使风从靠车最前排蜂箱的通风窗灌进，从最后排的通风窗涌出。最后用绳索挨箱横绑竖捆，绑紧蜂箱。开门运蜂，蜂箱横装，两边的巢门横向朝外，中间的两列蜂箱巢门朝里相对，用绳固定。

⑤途中管理。蜂车装好后，如果是开巢门运蜂，则在傍晚蜜蜂都上车后再开车启运。如果是先关后开，则巢门打开后就开车运蜂。蜂车应尽量在夜晚行驶，第2天午前到达，并及时卸蜂。

如果白天在运输途中遇堵车等原因，蜂车停住，应把蜂车开离公路，停在树阴处，待傍晚蜜蜂都飞回蜂车后再走。蜂车中间留通道的，及时从巢门向箱底洒水。如果蜂车不能驶离公路，就要临时卸车放蜂，蜂箱排放在公路边上，巢门向外（背对公路），傍晚再装车运输。如果在第2天午前不能到达场地的蜂车，应在上午10点以前把蜂车停在通风的树阴下，停车放蜂，傍晚再继续前进。临时放蜂或蜂车停住，应对巢门洒水，否则其附近须有干净的水源，或在蜂车附近设喂水池。

到达目的地，蜂车停稳，即可解绳卸车，或对巢门边喷水边卸车，尽快把蜂群安置到位。若在上午 10 点以前卸车，蜜蜂比较安静，少蜇人。卸车工人亦要穿戴好防蜂蜇衣帽、胶鞋，燃烧秸秆驯服蜜蜂，使之安静，防止蜂蜇无辜或影响交通。

如果路上停车，蜜蜂偏集到装在周边的蜂箱里，在卸车时，须有目的地 3 群一组，中间放中等群势的蜂群，两边各放 1 个蜂多的蜂群和蜂少的蜂群，第二天，把左右两边的蜂群互换箱位。

如果启运地距离目的地在 300 千米左右，傍晚装车，黎明前到达，天亮时卸蜂，在这种情况下也可以关门运输蜂群，不喂水，打开所有通风窗，巢门一律朝前，箱与箱紧靠，途中不停车，到达场地，待全部蜂群卸下摆到位置上时，及时开启巢门。

运输中蜂，巢门关闭，夜晚开车，不留通气窗。

四、大田作物授粉蜂群管理技术要点

蜂群运抵目的地后，应视场地的实际情况进行合理的蜂群布局，然后，针对蜂群和授粉对象进行合适的管理，方能起到授粉与蜂产品双丰收的目的。

1. 授粉蜂群的布局

授粉蜂群运抵授粉场地后，应视具体的地理环境、授粉作物布局和气候条件，尤其是风向而定。一般两群为一组，每 16 组为一个群组呈"口"字形或椭圆形摆放（图 3 - 1），这样既有利于充分利用场地，也有利于平常检查蜂群。摆放蜂箱时要求上风区低，下风区稍高，左右平衡。交尾群巢门宜朝西南；脱粉蜂群的巢门，除春天外，其他时间以朝北、朝东、朝东北更好。巢门不向灯光，还要注意季风风向。另外，还应尽量设置一些标志物，以便蜜蜂初次出巢后能记住蜂箱的位置，能及时回巢。

虽然蜜蜂飞行范围很大，但是，其寻觅食物有其自身的特点。据中国农业科学院蜜蜂研究所罗术东等的研究发现（未发表资料），蜜蜂飞行时并不是向四周均匀的扩散，而是与风向密切相关，一般而言，蜜蜂出巢采集时逆风飞行，这样有利于寻找蜜源，而且回来时则顺风飞行，也有利于蜜蜂节省自身的体力。因此，如果授粉面积不大，可以将蜜蜂摆在授粉区的下风区，

图 3－1　授粉蜂箱的摆放
（罗术东　摄）

这样既能使作物授粉充分，也能增加蜂产品的产量。如果授粉作物面积比较大，则应将蜂群布置在地块的中央偏下风区，使蜜蜂从蜂箱飞到作物田的任何一部分，距离不超过 500 米，授粉蜂群以 10 ~ 20 群为 1 组，分组摆放，并使相邻组的蜜蜂采集范围相互重叠。

在早春，由于蜂群正处于增殖阶段，群势较弱，所以应适当减少承担的面积；如果作物分布较零星、分散，也应适当增加蜂群数。

中蜂耐寒力强，在早春和高纬度、深山区为果树授粉，利用中蜂更为适宜。

2. 几种作物授粉期间的蜂群管理技术

尽管不同作物花期的蜂群管理技术不同，但总的说来应注意以下两个方面。

①训练蜜蜂积极授粉。针对蜜蜂不爱采访某种作物的习性，或为了加强蜜蜂对某种授粉作物采集的专一性，在初花期至花末期，每天用浸泡过花瓣的糖浆饲喂蜂群。花香糖浆的制法：先在沸水中溶入相等重量的白糖，待糖浆冷却到 20 ~ 25℃ 时，倒入预先放有花瓣的容器里，密封浸渍 4 小时，然后进行饲喂，每群每次喂 100 ~ 150 克。第一次饲喂宜在晚上进行，第 2 天早晨蜜蜂出巢前，再喂一次。以后每天早晨喂一次。也可以在糖浆中加入香精油喂蜂。

美国梅耶 D. F. 制备的蜜蜂授粉诱引剂，含有信息素等物质，在空中喷洒，可提高苹果、樱桃、梨和李的坐果率分别为 6%、15%、44% 和 88%。国外人工合成的吸引蜜蜂的臭腺物质已经商品化。

②脱粉、繁殖促进授粉。蜂群进入场地后，在采集的花蜜不够消耗时，

应奖励饲喂，促进繁殖，花粉富余须及时脱粉（在花粉略有剩余时开始这项工作），蜜足取蜜，预防分蜂热，防止农药毒害。

（1）油菜授粉期间蜂群管理技术要点

秋油菜授粉的蜂群饲养管理 南方的油菜籽在1~2月开始开花，而北方的秋油菜则在3月底左右开花，这时天气还较寒冷，外界的野生授粉昆虫少，主要靠蜜蜂为之授粉，所以要尽量想办法让蜂群尽快壮大起来。注意奖励饲喂和保温，促使蜂群尽快养成强群。这时蜂王产卵力增强，3~4天能产满一个巢脾，产满一脾后及时再加优质空脾，空脾先加在靠巢门第二脾位置，让工蜂清理，经过1天后再调整到蜂巢中心位置，供蜂王产卵。将蛹脾从蜂巢中心向外侧调整，正出房的蛹脾向中心调整，待新蜂出房后供蜂王产卵。蜂群发展到满箱时进行以强补弱，弱群的群势很快就壮大起来。在油菜花盛期到来前10天左右进行人工育王，培育一批新蜂王作分蜂和更替老蜂王。为避免粉压子圈并提高蜜蜂授粉的积极性，可在晴天上午9:00~12:00，进行脱粉。

北方春油菜花期的蜂群饲养管理 北方的春油菜一般在6~7月开花。场地要选择有明显标记的地方，以利于蜜蜂回巢。转地进场时间要在盛花期前4~5天，如前后两个需要授粉的油菜相差只有几天，为了赶下一场地的盛花期，就要提前退出上一场地的末花期，这样才有利于油菜籽的增产。如前后两个场地油菜开花期相间时间长，可以先采别的蜜源后再进入油菜授粉场地。通常油菜都比较集中，为了便于蜜蜂授粉，最好应将蜂群排放在油菜地中的地边田埂上或较高的地方，以防雨天积水。

（2）柑橘授粉期间蜂群管理技术

柑橘为多年生木本植物，单性结实。柑橘花经常有蕾蛆危害，果农常喷农药防治病虫害，蜜蜂常中毒死亡，所以，蜂群要等喷完药4~5天后再进场地。蜂群到场地时，应选择离树几十米以外的地方安置蜂群，不要放在果园中的树下，避免农药毒害。要经常和有关部门联系，了解喷药情况以便事前采取防范措施。盛花期遇到喷药要在当天早晨蜜蜂还未出巢门前关上巢门，等喷药后当天晚上再打开巢门，这样就可以减轻中毒。若在末花期喷药，应及时转地到下一个授粉场地。

（3）紫云英、苕子授粉期间蜂群管理技术

这两种作物最佳收割时期是盛花期，蜜蜂为之授粉的只是留种的部分。天气干旱，紫云英和苕子容易发生蚜虫危害，农民经常喷药防治，在喷药当天早晨蜜蜂出巢前应把巢门关上，喷药当天傍晚开启巢门放蜂，这样可以减少中毒损失，天气晴朗花朵吐粉多，每天9:00后装上脱粉器生产花粉3~4小时，以防粉压子脾。在油菜花期没有治螨的，这时应进行治螨工作。

（4）荔枝、龙眼授粉期间蜂群管理技术

荔枝、龙眼流蜜量大、粉少，所以蜂场应选邻近有辅助蜜粉源植物的地方。蜂群进入场地时，蜂箱应放在树阴下防止太阳暴晒，并抓紧组织授粉群。在盛花期大流蜜时，天气晴朗进蜜快，应及时取蜜，以便扩大子圈。取蜜时应彻底割除雄蜂蛹，以防螨害，如发现脾上有小蜂螨，摇蜜后的空脾应用硫磺进行熏蒸，以根除小蜂螨。

（5）枣树授粉期间蜂群管理技术

枣树开花是5月下旬到6月下旬，长达30多天，场地要选择枣树多而集中和附近有辅助蜜源的地方，采枣花因气候干燥等原因工蜂常常发生卷翅病，在枣花地放蜂，应注意洒水、灌水脾降温和调节蜂箱内的温度，以预防卷翅病。有灌溉条件的地方更为理想。蜂群进场地后，选择有荫蔽的地方安放蜂箱，并抓紧组织授粉群，无遮阳条件的用蒿秆盖着蜂箱，不能使蜂箱在阳光下暴晒，防止发生分蜂热。

（6）西瓜授粉期间蜂群管理技术

西瓜的花期很长，从4~9月，主要是5~7月。西瓜粉多蜜少，花粉在上午9:00前容易采集，以后多分散。西瓜花期蜂群进入场地，应选择遮阳的地方放置蜂箱，不能暴晒。此时期要抓紧治螨，发现其他的病害应及时用药治疗，防止传染。

（7）棉花授粉期间蜂群管理技术

棉花的花期较长，可长达40~50天。场地应选择栽培多而集中、棉田属沙质土壤、花期温度高、雨水少的新棉区，因新棉区病虫害少，喷药少。棉花的花粉本来不少，但因花粉黏性小，蜜蜂难以利用。所以，场地要选邻近有同期开花的辅助蜜粉源植物。为防止棉铃虫和红蜘蛛等害虫，棉农会经常喷药，为预防蜜蜂临时中毒，要准备阿托品等解毒物品。如遇到农民喷药，用解毒药物配制糖浆，晚上饲喂蜂群，能减轻损失。棉花开花期气候炎热，蜂群进场后要选择有遮阳的地方放置蜂箱，不能让蜂箱暴晒。蜜蜂幼虫病容易发生和传播，要加以防治。

（8）向日葵授粉期间蜂群管理技术

向日葵是一年中比较晚的一个蜜源，一些养蜂场采过向日葵后就准备越冬，这时蜂群极易发生秋衰，蜂群进场地后要搞好繁殖工作：淘汰产卵差的蜂王，用后备蜂王补充。在盛花期防止蜜、粉压子圈，要及时取蜜和脱粉。

对后备蜂群适时抓紧繁殖，对群势弱的进行合并以提高繁殖力，并根据蜂螨寄生情况进行防治，把寄生率控制在最低。在向日葵开花期蜜蜂的盗性特别强，有时从开始到结束始终互盗不息，要特别防备，不要随便打开蜂箱，开箱检查蜂群或取蜜、生产王浆等工作，能结合为一次进行的就结合成一次完成，工作时动作要快要轻，最好是在早晨蜜蜂尚未大量出巢前搞完。检查蜂群覆布不宜完全揭开，要部分检查部分揭开。缩小巢门，抽出多余的巢脾，缩小蜂路，有利于蜜蜂护巢。向日葵花期伤蜂严重，要尽早退出场地，到有粉源的地方去繁殖一批越冬蜂。

五、其他授粉蜂授粉期间蜂群管理技术

1. 壁蜂果树授粉期间蜂群管理技术要点

该蜂适应性强，只要在释放前制作好巢管，每年果树开花前依据壁蜂的破茧出巢速度，适时在果园中设巢和放蜂，使壁蜂活动与果树花期吻合，即能达到壁蜂授粉提高坐果率的目的。由于壁蜂具有特殊的形态特征及访花行为，使花朵授粉充分，坐果较多。适当进行人工疏果，使果实在合理负载条件下生长，并能提高果品的重量和正果率。果树谢花后 7~10 天收回果园中的巢管，清理出有蜂的巢管，集中装袋保藏，以备来年果树开花时释放，继续为果树授粉。

（1）壁蜂授粉前期准备

①蜂茧冷藏。在自然条件下，壁蜂破茧出巢活动时间比果树开花早，为了人工利用壁蜂授粉，必须使成蜂活动与各种果树花期吻合，应在春季气温回升前，将越冬的壁蜂从巢管内剥出来，集中放在 0~5℃ 的冰箱中冷藏。有壁蜂茧的巢管，在贮存期间常常隐藏着各种天敌危害，因此，12 月至翌年 1 月需从巢管中取出蜂茧，清理天敌，可减轻危害。蜂茧小，便于存放。每个罐头瓶装 500 头左右，用纱布扎口，或以 500 头袋放入冰箱内，待放蜂时从冰箱内取出释放。

②提早种植开花植物。单一树种果园放蜂，必须在上一年秋季在果园中种植越冬油菜或苔菜，可在 4 月上旬开花。也可以在当年春季栽种打籽的白菜。种植开花植物应在放蜂园中每个蜂巢旁一米处，主要目的是在苹果开花前为出巢的壁蜂提供粉源蜜源。

③调节果树花前喷药时间。山东威海苹果开花前需要打一次杀虫剂。为避免杀虫剂的残效影响壁蜂，需要把用药时间定在果树开花前 17~20 天，

这样可以防止壁蜂中毒死亡。

④作蜂巢与巢箱。壁蜂以内径6.6毫米左右巢管为主。制作巢管时，应根据不同种类的壁蜂来确定管内径大小。如凹唇壁蜂喜在6~7毫米内径的巢管内营巢，因此，凹唇壁蜂巢管内径在7~9毫米、管长160~180毫米为宜；同样，角额壁蜂巢管的内径6毫米、壁厚0.9毫米、管长160毫米为宜。按此规格将芦苇管锯成15~16毫米长的巢管，一端留节，一端开口。使管口磨平不留毛刺或伤口。分别用红、绿、黄、白4种颜色涂抹管口，比例为20∶30∶7∶3，混合后每50支捆成一捆。要求底部平，上部高低不齐。也可制作纸管巢，内层是牛皮纸，外层是报纸，用6.5毫米直径的玻棒或竹棍手工卷成，要求管壁厚1毫米以上，管口涂色后50支扎一捆，一端用胶水和纸封严实，再粘一层厚纸片。用25厘米×15厘米×20厘米的纸箱，以25厘米×15厘米一面为开口，箱内放6~8捆巢管，分为两层，在两层巢捆间及巢管顶部各放一硬纸板以固定巢捆，即可成为放到田间的蜂巢。

巢箱可用纸箱改制或木板制造，也可用砖块砌成，凹唇壁蜂巢箱的大小约为20厘米×26厘米×20厘米，角额壁蜂巢箱的大小为（15~25）厘米×15厘米×25厘米。巢箱5面封闭，一面开口。

每个巢箱装入4~6捆，共200~300根巢管，在放蜂前2~3天，每根巢管装入1个成蜂或蜂茧。

（2）壁蜂授粉期管理技术要点

①壁蜂的运输。壁蜂为大田果树授粉，如果在一个果园放蜂时间较短，可将蜂箱密闭，在夜晚运到2千米以外的大田果园，或搬进附近的温室果园，继续授粉繁殖。如果壁蜂为温室中的果树授粉，可从一个温室搬到另一个温室，或从温室搬到附近的大田果园继续授粉工作，使整个活动时间达到35天左右。

②蜂箱设置。平地果园，蜂箱应放置在缺株或行间等宽敞明亮的地方，巢前开阔，无遮蔽，以利于壁蜂活动；山地果园宜放在向阳、避风处。蜂箱敞口面朝阳，以东南或正南较好。蜂箱用支架支离地面40厘米左右，支架腿涂抹废机油，预防蛙、蚁等的侵犯，箱顶盖上遮阳、防雨的木板。也可用砖砌成固定蜂巢。在离箱1米地面上挖一个长40厘米、宽30厘米、深60厘米的土坑，每晚加水一次，以便壁蜂繁殖产卵衍泥筑巢。蜂箱安置好后，不再移动位置。

刚开始放蜂的果园，每隔30~40米设一巢箱，蜂巢密集使早春成蜂破茧出巢后在果园中有巢可寻,减少成蜂出巢后因找不到巢箱而飞失,可以多回收壁蜂。壁蜂数量增多以后,可以40～50米设一巢箱。

③释放时间。蜂茧在田间后,成蜂咬破茧后陆续出茧,7～10天才能出齐,因此,需要果树开花前7～10天放出蜂茧,才能使壁蜂活动与果树花期吻合,达到壁蜂为果树授粉的目的。如果提前使冰箱的温度由0～5℃升高到8～10℃,经过2～3天后再放到田间,可缩短壁蜂出茧时间,万一成蜂在释放前已全部破茧出蜂,应在果树初花时释放,释放时间在20:00～22:00,可减少壁蜂因受惊动而飞失。切不可在果树开花后再释放蜂茧,待壁蜂破茧出齐时,果树开花盛期已过,则不能发挥授粉作用,也减少壁蜂繁殖数量。如有可能,可以考虑人工剥茧释放壁蜂,以使其出房时间与花期吻合。

果树单一的果园,在花前7～8天放茧,存放于4℃的茧应在开花前15天置于7～8℃环境中,使在果树开花时有大量的蜂授粉。苹果园在中心花开放40%左右时放蜂,一般放蜂时间为12～15天。当多种果树混栽的果园,花期长,可分两次放蜂,如第1次在杏花露红时,第2次在梨树初花期。

④释放数量。释放壁蜂数量应视果园不同情况而定。青壮年果树2～3亩放角额壁蜂1箱,或每亩放凹唇壁蜂1箱,初果期的幼龄果园和历年坐果较高的果园或结果大年的果园,每4～5亩放蜂1箱,每箱蜂有200～300根巢管,每箱100～150个成蜂或蜂茧。坐果率不高的果园及结果小年,每亩平均放100头蜂茧。每亩放蜂量60头左右。

⑤释放方法。按照已有蜂茧数量决定放蜂面积,在依据放蜂范围内的蜂巢数,求出每个蜂巢内应放的蜂茧数。蜂茧释放的方法有两种:第一,蜂茧集中放在纸盒内,在纸盒的一侧穿3～4个6.5毫米的小孔,供成蜂破茧后爬出。纸盒内蜂茧平摊一层,不可过满过挤,蜂茧盒放在巢管顶部;第二,单茧释放,把蜂茧放在管口内,每管放1个,茧突朝外,以此法释放蜂茧,成蜂归巢率较高。

⑥成蜂活动期蜂巢管理。主要是防止雨水淋湿和防治天敌危害。雨水淋湿巢管后,巢管受潮,花粉团霉变,幼蜂死亡。天敌有蚂蚁、蜥和鸟类。蚂蚁类可用毒饵诱杀。毒饵配制方法是:花生饼或麦麸250克炒香,猪油渣100克,糖100克,敌百虫25克,加水少许,使毒饵湿润、均匀混合。在每一蜂巢旁施毒饵约20克,上盖碎瓦防止雨水淋湿和壁蜂接触,而蚂蚁则通过缝隙将毒饵搬运回巢穴,可以达到倾巢而亡。在蜂巢的支架上涂凡士林或机油,防止蚂蚁爬到蜂巢内危害花粉团及幼蜂。捕食壁蜂的蜘蛛,有结网

蜘蛛和跳蛛两类，应注意人工捕捉蜘蛛，并清除蜘蛛网。另外，巢箱内缝隙空间不宜过大，以防止蜘蛛结网躲藏。对蜥蜴进行人工捕捉。对鸟类危害严重的地区，蜂巢前可设鸟网。

在成蜂活动期间，不得随意翻动蜂巢内巢管，否则，壁蜂找不到已定居营巢的巢管，影响繁殖，也影响壁蜂访花营巢活动。

⑦壁蜂回收及巢管清理与贮藏。一般在成蜂授粉活动结束后 10 天内（果树落花 1 周后，放蜂约 1 个月）收回蜂箱，如果回收过早，会使巢管内花粉团变形，影响幼蜂取食和卵的孵化。回收过晚则会增加雨水淋湿和天敌危害的机会。收回蜂箱后，从蜂箱中取出巢管，将壁蜂营巢封口的巢管平放在纱布袋中吊挂在通风阴凉的房间里保存；对有蜂而没有封口的巢管，因其易受各种天敌的危害，可用棉花球塞管孔，同时将内藏的蜘蛛、蚂蚁及仓库害虫（印度谷蛾、麦蛾）逐出巢管，将这些巢管也放入纱布袋中；剔出的空巢管另外保存。农村的房间内，要防止谷盗、粉螨及鳞翅目幼虫危害壁蜂。存放期间，防止虫害和鼠害。在回收壁蜂的过程中，必须轻拿轻放，防止震动碰撞，巢管平放，忌直立。

翌年 2 月，拆开巢管剥出蜂茧装入罐头瓶内用纱布封口，置于冰箱内，在 0 ~ 5℃下保存到放蜂前 1 周。再将罐头瓶放入纱布袋中，吊在通风清洁的房内。

2. 苜蓿切叶蜂授粉期间蜂群管理技术要点

（1）苜蓿切叶蜂授粉前期准备

苜蓿切叶蜂不像蜜蜂那样成群居住营社会性生活，但要求与同类住得很近，喜欢在人类提供的筑巢材料中生活，因而它是少数几种能够大量家养的昆虫之一。

①蜂箱的准备。苜蓿切叶蜂蜂箱是雌蜂筑巢，贮备蜂粮，产卵和幼虫生长发育的地方，也是寄生性天敌的主要发生场所。因此，必须用优质材料精细制作，为它们提供一个满意的能够防止寄生物侵入的家。目前，比较流行的是用松木或聚苯乙烯薄板制成孔径为 6.4 ~ 7.0 毫米，孔长 100 ~ 150 毫米的凹槽板组装而成的蜂箱，这种蜂箱的优点是其中的槽板容易组装和拆卸，蜂茧容易从槽沟中脱出，对蜂和槽板都不会造成损害，但这种蜂箱对材料的质量和制作工艺要求较高。

蜂箱在使用前必须进行清洁消毒，严密组装，箱面漆成黑色，然后用蓝色油漆画出一些图形以增强对蜂的吸引力和蜂对巢孔的识别能力。

②防护架的制作。防护架是保护蜂箱和筑巢蜂免受恶劣天气袭击，使采集蜂容易看见并迅速返回蜂箱的装置，其大小应考虑搬运是否方便，冬贮空间的大小和授粉区域范围等来决定。目前，推广的防护架大约为2.4米×1.2米×1.8米（宽×深×高），放6个蜂箱，防护架的设计与选材必须考虑其遮光，隔热，防雨和防风等性能。防护架的背面和两侧要漆出黑白相间的纵向条纹，顶上漆成黑色，以增强蜂的识别能力。在田间安放时，18亩地放一个架子，面向正东，一般雌蜂为苜蓿授粉向东飞行的距离是向西的2倍，因此，架子要放在靠西边的位置，要安装牢固，防止因大风或人为原因而翻倒。

（2）苜蓿切叶蜂授粉期间管理技术要点

①放蜂时间的确定。在苜蓿初花期开始放蜂，在无花授粉或授粉花在收获前不能结出成熟的种子时结束，使蜂的羽化与开花同步的技术比控制作物开花的技术更容易，因而设计和使用适宜的孵蜂器十分必要。

经过冬季冷储的蜂茧发育整齐，可以准确的预测出它们的羽化期，在30℃和60%~70%RH的孵蜂器中孵育19~20天，雄蜂开始羽化，第21~22天雌蜂开始羽化，雌蜂羽化即可放蜂。因此，可根据天气预报预测苜蓿的开花期，在开花前21天开始孵蜂，在孵蜂期间，如果天气预报有低温或高温日期出现，苜蓿开花期将要延迟或提前几天，应适时降低或提高孵蜂温度，使蜂延迟或提前羽化，在25~32℃范围内蜂的发育速率随温度的升高而增加，发育起点为16℃，雌蜂开始羽化的有效积温为295摄氏度·日。

在温暖、风小的早晨把蜂放入田间，放蜂数量一般以2 000~3 000只/亩为宜，如果在比较温暖、自然授粉昆虫较多的地区，每亩放1 500只左右也行。放蜂的效果可因地区、年份和苜蓿的花密度等而有所不同。对生产者提供一个最佳授粉的切叶蜂数量很重要，但又不大容易，因为它涉及蜂、蜂与作物以及天气因素和它们的相互关系，国外已经开始研究授粉模型，在一些豆科作物上用以比较切叶蜂与蜜蜂、熊蜂等授粉者的效力。

放蜂期间要注意安全保卫，放蜂田不喷施化学杀虫剂，防止人畜和小鸟等对蜂的伤害。

②病虫害的防治。苜蓿切叶蜂的蜂箱内贮存的花粉、花蜜和发育中的幼虫是许多寄生和捕食性昆虫喜爱的食物，这种大量集中的丰富食物源必然将许多本来不是切叶蜂天敌的昆虫吸引到蜂箱中来了，它们或与切叶蜂的幼虫争夺食物，或捕食与寄生切叶蜂，或咬食筑巢材料等。在国外已发现几十种病虫害，就一个地区而言，重要的病虫害也有好几种，如不加以防患可造成很大的损失。目前，在国内已发现十余种，能明显造成危害的是单齿腿长尾

小蜂和红花毛郭公虫。

在田间，天敌昆虫喜欢从蜂箱和巢板间的缝隙进入，从背面侵入巢孔危害巢室中的幼虫。因此，制作精细、组装严密的蜂箱有较好的防敌功能。在室内贮藏、脱茧、干燥等过程中要尽量清除寄生和捕食性生物，要防止仓库害虫和从田间带入天敌的侵袭。因此，在工作间可用黑光灯进行诱杀，还要防止老鼠等小动物的危害。

在孵蜂器中用黑光灯诱杀是最有效的防治办法，寄生物一般比切叶蜂早羽化几天至十几天，对黑光灯趋性很强，如果诱杀彻底可以有效控制其危害。

切叶蜂的病害主要由 *AscospH aera aggregata* 引起的白垩病，在美国西北部一些苜蓿种子产区，蜂的发病率可高达 60%，造成毁灭性危害，在加拿大主要发生在 Alberta 南部，但可控制在 3% 以下，用 3% 的次氯酸钠溶液对蜂巢进行浸泡消毒，可以控制该病及其他一些叶霉病害。目前认为，最有前途的是熏蒸剂多聚甲醛，它可杀死白垩病的孢子和其他病原微生物而对蜂的筑巢没有影响。

③授粉后期蜂群管理技术。在吉林、黑龙江省 8 月中下旬，把蜂箱从田间收回，在室温下存放 2~3 周，让未成熟的幼虫达到吐丝结茧的预蛹阶段，然后取出蜂巢板，细心地打开，用适合在凹槽中滑动的竹片或木片把蜂茧取出来（大规模生产是用特制的脱茧机），去除其中的碎叶、虫尸体等杂物后，在阴凉处干燥、测产，最后用塑料袋（桶）等容器分装，密封贮藏存于 5℃ 的冷藏室中过冬，直到第二年需要之时取出。在北京及山东等地为苜蓿授粉的蜂于 6 月下旬收蜂，由于该蜂是多性品系，这一代蜂绝大部分不进入滞育而要继续发育羽化，因此，收蜂后必须及时脱茧并运到吉林、黑龙江等省凉爽的地区去释放，在 8 月中下旬第二次收蜂，进行一年异地两次为苜蓿授粉。

密封容器中的相对湿度要保持在 40%~50% 范围内，防止蜂茧包叶发霉，冬贮期间，可打开容器 2~3 次，进行检查和换气，如果发现蜂茧发霉，应立即倒出，阴干后继续密封贮存，适度低温贮存可抑制预蛹的发育和天敌昆虫的活动，防止其中的寄生与捕食生物在冬贮期间对蜂茧造成伤害。

第二节 大田作物蜜蜂授粉应用实例

一、蜜蜂为大田油菜授粉增产实例

1. 试验背景

试验于 2010 年 3～7 月在浙江省平湖市进行。试验油菜品种为 "浙双72"，授粉用蜜蜂为意大利蜜蜂。

2. 试验方法

2010 年 3 月 17 日，在油菜花开之前，选取 6 家蜂场，在每家蜂场附近 100 米左右选取两块各 5 平方米左右的油菜地，其中，一块用孔眼为 4 毫米×4 毫米的铁纱网罩住，另一块区域则不作隔离，同时记录每片区域种植的油菜株数，铁纱网罩住后，蜜蜂和蝴蝶等较大的昆虫不能进入该区域，而蚂蚁等小昆虫可以进入。授粉区和无蜂授粉区油菜均在 5 月 28 日收割。

3. 试验结果

授粉区的油菜籽平均亩产量比无授粉区平均亩产高 49.4%，差异极显著（$P = 0.001$），说明授粉对油菜籽增产有非常显著的效果。全株有效角果数是产量的重要指标，结果显示，授粉区油菜全株有效角果数显著大于无授粉区油菜全株有效角果数，差值达到 78.6 个/株（$P = 0.000$）。每角果数在授粉与无授粉处理两者之间没有统计学差异（$P = 0.932$）。授粉区油菜籽千粒重和无蜂授粉区千粒重相比，前者比后者高 10.5%，但差异不显著（$P = 0.112$），结果见表 3-2。

表 3-2 授粉区和无授粉区油菜籽产量比较

指标	授粉区	无授粉区	P 值
每角果数	23.4 ± 7.7	23.0 ± 6.9	0.932
全株有效角果数	360.5 ± 118.7	281.9 ± 93.5	0.000
千粒重（克）	4.2 ± 0.3	3.8 ± 0.4	0.112
亩产量（千克）	226.8 ± 31.9	151.8 ± 25.9	0.001

而对油菜品质的测定也表明，蜜蜂授粉对提高油菜籽含油量有明显作

用，授粉区油菜籽含油量比无授粉区油菜籽含油量高 1.8 个百分点，差异显著（$P = 0.004$）。但授粉对油菜籽中芥酸、硫苷、油酸和蛋白质含量没有显著影响（P 值分别为 0.315，0.088，0.226 和 0.671），具体结果见表 3 – 3。

表 3 – 3　授粉区和无授粉区油菜籽质量比较

指标	授粉区	无授粉区	P 值
含油量（％）	37.2 ± 0.8	35.4 ± 0.9	0.004
芥酸（％）	4.70 ± 0.34	4.23 ± 1.04	0.315
硫苷（微摩/克）	89.8 ± 9.8	74.3 ± 17.5	0.088
油酸（％）	10.8 ± 2.3	17.5 ± 12.5	0.226
蛋白质（％）	29.2 ± 1.6	29.6 ± 1.9	0.671

该试验结果表明了蜜蜂授粉区和无蜂授粉区每角果有效籽粒数和千粒重都没有显著差异，但是前者比后者的单株有效角果数高 27.9％，说明在有蜂的情况下，蜜蜂的授粉行为通过提高油菜授粉效率，提升坐果率以增加单位产量。结果还显示，授粉只对油菜籽含油量有影响，而其他各项指标均没有显著差异，其原因可能为芥酸、硫苷、油酸和蛋白含量主要受遗传因素的控制，与授粉行为没有直接关联。

二、蜜蜂为猕猴桃授粉增产实例

1. 试验背景

试验于 2002 年 4 ~ 10 月在浙江省江山市现代农业示范园区内进行。授粉对象为 1998 年种植的 5 年树龄的"79-3"和"徐香"两个品种，雌树与雄树的配比为 4：1。试验所用到的蜂为本地桶养中蜂和意大利蜜蜂。

2. 试验方法

根据试验地种植情况，选择"79-3"、"徐香"两个不同品种 2 块地。具体蜂群配置见图 3 – 2，于开花前搭好隔离架。试验所用网罩尼龙网帐，尼龙网孔眼 10 目（每英寸 10 孔）。网帐形状类似塑料大棚，网顶高 3.5 米，宽 7 米，长约 12 米。网架用毛竹搭成。每个网帐中间用平网垂直隔成两半。其中，1 号地 1 号网帐内东边放中华蜜蜂 1 桶（约 2 足框），不进行人工授粉；西边帐内不放蜂，进行人工辅助授粉。2 号地 2 号网帐内南边放意大利蜜蜂 2 足框，不进行人工授粉；北边帐内不放蜂，进行人工辅助授粉。3 号网帐内北边放意大利蜜蜂 2 足框，不进行人工授粉；南边帐内不放蜂，进行人工辅助授粉（21 号树不进行人工授粉）。2 号网外相邻的 2 株雌树为自然放蜂授粉试验树，不进行人工授粉，放蜂密度为每公顷 75 足框左右意大利蜂，0.1 足框中华蜜蜂。落花、坐果后即撤去网帐。统一于 9 月 5 日采果。

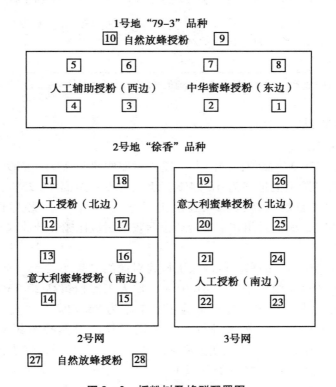

图 3 - 2 授粉树及蜂群配置图

同时，人工授粉的对照树，花期内只要天气适宜，每天由专人负责授粉 1 次（每株树授粉次数均在 5 次以上），与雌花同期开放的 1 朵雄花，直接对 10 朵雌花授粉。人工授粉具体情况见表 3 - 4。对授粉用蜂群在花期每天傍晚用浸有猕猴桃花的糖浆对蜂群进行奖励饲喂。

表 3 – 4　对照组猕猴桃人工授粉情况汇总表

树号	"徐香" 1 号网			树号	"徐香" 2 号网			树号	"徐香" 3 号网		
	花期	授粉次数	授粉花数		花期	授粉次数	授粉花数		花期	授粉次数	授粉花数
3	22/4 – 2/5	7	119	11	1/5 – 6/5	5	17	22	2/5 – 6/5	4	13
4	16/4 – 2/5	10	144	12	23/4 – 2/5	6	37	23	2/5 – 5/5	3	12
5	16/4 – 1/5	8	262	17	29/4 – 7/5	8	75	24	28/4 – 3/5	6	162
6	21/4 – 28/4	7	429	18	21/4 – 7/5	10	73				
	小计		954		小计		202		小计		187

注：花期每天选择白天最佳授粉时间和适宜天气进行一次人工授粉（整个白天连续下雨除外）

3. 试验结果

①坐果率。

1 号地 "79-3" 品种：网内人工授粉对照组坐果率为 40.69%；网内中华蜜蜂授粉试验组坐果率为 67.94%，比人工授粉组高 27.25%；网外以意大利蜜蜂为主自然放蜂授粉试验组坐果率为 44.14%，比人工授粉组高 3.45%。因此，棚内封闭式中华蜜蜂授粉效果明显比棚外开放式意大利蜜蜂授粉效果好。

2 号地 "徐香" 品种：网内人工授粉对照组坐果率为 56.18%，网内意大利蜜蜂授粉试验组坐果率为 81.91%，比人工授粉组高 25.73%；网外以意大利蜜蜂为主自然放蜂授粉试验组坐果率为 86.92%，比人工授粉组高 30.74%。而网内 21 号树未进行人工辅助授粉的自然授粉树坐果率仅为 10.00%。由此可见，只要花期温度适合蜜蜂飞行，利用蜜蜂为猕猴桃授粉其坐果率能比人工授粉提高 25% 以上。

②商品果产量。

"79-3" 品种：蜜蜂授粉的 2 号、7 号树 70 克以上商品果总量为 25 700 克，比人工授粉的 5 号、6 号树商品果 23 985 克增产 7.15%；其中，蜜蜂授粉的 80 克以上优质商品果为 18 255 克，比人工授粉的优质商品果 17 125 克增产 6.60%，统计分析表明差异显著（表 3 – 5）。

"徐香" 品种：蜜蜂授粉的 19 号、20 号、28 号树 50 克以上商品果总量为 7 600 克，比人工授粉的 11 号、17 号、18 号树商品果 5 775 克，增产幅度为 20.17% ~64.97%，平均 31.60%，经 t 检验，差异显著（表 3 – 5）。

表3-5　不同授粉方式商品果产量的对比

		蜜蜂授粉						人工授粉					
品种	网号	树号	花蕾数	定果数	叶果比	商品果产量	优质果产量	树号	花蕾数	定果数	叶果比	商品果产量	优质果产量
徐香	1	20	32	27	10以上	1 460	905	11	32	18	10以上	885	830
	2	28	64	50		3 280	2 095	17	68	44		2 510	1 600
	3	19	75	63		2 860	1 740	18	75	51		2 380	1 450
平均						2 533.3	1 580.0					1 925.0	1 293.3
79-3	1	2	407	199	6.2:1	14 200	10 705	5	467	184	6.7:1	12 860	10 175
	2	7	445	177	6.1:1	11 500	7 550	6	787	178	6.1:1	11 126	6 950
平均						12 850	9 127.5					11 992.5	8 562.5

③商品果种子数和品质。取蜜蜂授粉和人工授粉果重100克的"79-3"商品果各10个检测种子数，蜜蜂授粉的种子数平均为408粒，人工授粉的平均为394粒。经浙江省食品质量监督检验站检验，蜜蜂授粉的"79-3"商品果糖份、总酸与维生素C含量分别为10.2%、1.4%和59.0毫克/100克，人工授粉的商品果糖分、总酸与维生素C含量分别为10.6%、1.4%和54.5毫克/100克。二者均在正常值范围，无显著差异，这说明了与人工授粉相比，蜜蜂授粉对果品的籽粒数和品质并无显著影响。

三、壁蜂为大田苹果授粉增产实例

1. 试验地背景

唐山市古冶区无水庄苹果园，盛果期树，密度4米×5米，面积6 670平方米，果园中混栽有红富士、乔纳金、元帅、国光、金冠、王林等，立地条件为丘陵地，管理水平中上。

2. 供试蜂种

壁蜂混合蜂，共计500头，其中，凹唇壁蜂占90%、角额壁蜂占7%、紫壁蜂占3%。

3. 蜂巢的制作与蜂群布局

外用报纸（16厘米×19厘米）内用200克 黄板纸（16厘米×8.5厘

米）合在一起卷成纸管，管长 16 厘米、内径 6.5 毫米、壁厚 1 毫米左右，管口一端用广告色染成绿、红、黄、白 4 种颜色，比例为 30：10：7：3，风干后 50 支 1 捆，将未涂色一端对齐涂上胶水用牛皮纸封严。用纸板和木板制成 30 厘米×16 厘米×15 厘米的蜂箱，一侧开口，箱内分两层放 6 捆蜂管。

果园内共设 8 个蜂箱，间隔 26 米，蜂箱距地面 40～45 厘米，置于避风向阳、株间较开阔的树冠下，巢箱的开口朝向东南，上部覆盖塑料膜防雨。

在蜂巢前挖一个深 50 厘米、直径 30 厘米的土坑，坑内及时浇水保持湿润，供壁蜂产卵封巢用。

4. 蜂茧的释放

根据预测的苹果花期提前 5～7 天投放蜂茧，于 4 月 16 日、18 日、19 日、20 日各放 2 组蜂茧，每组 60 头左右。把蜂茧放在正面开孔的小盒中，于傍晚置于蜂箱的巢管上面。每天清晨清理茧皮，并记录前 1 天出蜂数；在投放后的第 8 天，对仍未出蜂的茧进行人工剥开，记录壁蜂的存活与死亡情况。

同时注意调查各蜂箱的营巢情况，记录已封口的巢管。

5. 苹果坐果率调查

选取放蜂区的红富士、国光、元帅 3 个品种各 4 株，分东南西北 4 个方向，各选 1 个大枝进行标记；非放蜂区每个品种各选 2 株，每株选 1 个枝进行标记作对照；同时疏除被标记枝上的畸形花和病虫花，记录花序数。于 6 月 22 日调查标记枝的坐果情况。

6. 试验结果

对已标记树进行坐果情况调查，放蜂区红富士、国光、元帅苹果花序坐果率分别为 81.2%、61.4%、78.3%；对照区为 45.4%、34.6%、36.2%，由此可见壁蜂授粉可显著提高苹果坐果率。

四、苜蓿切叶蜂为开放条件下大豆不育系制种授粉实例

1. 试验地背景与试验方法

试验于 2003 年在内蒙古奈曼旗东明乡苏日格村进行。采用裂区设计，2 次重复，主处理（A）为每公顷苜蓿切叶蜂的释放量，即 A1：不放蜂（对

照），A2：每公顷放 1 万头蜂，A3：每公顷放 3 万头蜂，A4：每公顷放 5 万头蜂；副处理（B）为父本（保持系）与母本（不育系）种植的行比，即B1：父母本行比 1：1，B2：父母本行比 1：2，B3：父母本行比 1：3。每个主区之间的隔离距离在 100 米以上，种植玉米；每个副区种植面积为 2 200平方米，行距 60 厘米，播种密度 15 万株/公顷。

5 月 2 日播种。出苗后根据幼茎颜色剔除杂株。初花期（6 月 25 日）按设计数量于每个主区释放苜蓿切叶蜂。切叶蜂的蜂茧放置于若干个切叶蜂保护棚内，保护棚之间距离为 120 米，切叶蜂陆续羽化并在大豆田中活动。整个开花期观察苜蓿切叶蜂的访花情况。

2. 供试蜂种

从加拿大引进并繁育的苜蓿切叶蜂。

3. 试验结果调查

秋季于每个副区分别按与保护棚相等的距离选取 5 个采样点，每个采样点相邻的父母本各取 1 平方米，调查父母本的密度、每株结荚数。其中，每个副区中有 1 个采样点同时调查每株粒数和百粒重。以 5 个采样点数据平均值计算各副区父、母本的理论产量及其父母本总产量；以父本为对照，按平方米内母本与父本粒数的百分比分别计算每个副区不育系的结实率。

分别对不育系的结实率、理论产量及其不育系加保持系的理论总产量进行方差分析（结实率的方差分析数据经反正弦数据转换），并采用新复极差测验（SSR）法进行多重比较，综合评价其制种效果。

4. 授粉效果评价

不同区组之间差异不显著，而不同放蜂量之间不育系的结实率和不育系加保持系的总产量差异达极显著水平，不育系的理论产量差异达显著水平。这表明在田间开放条件下释放苜蓿切叶蜂对大豆不育系繁殖田的制种效率有显著影响。

与对照（不放蜂，A1）相比，放蜂处理（A2，A3，A4）下不育系结实率的差异达极显著水平，同时，A3 处理的不育系结实率平均为 48.5%，极显著高于 A2 和 A4 处理，而 A2 和 A4 处理间差异不显著。这表明苜蓿切叶蜂对不育系的结实率有显著影响，但并不是放蜂量愈多愈好，而是需要一个适宜的放蜂量才能取得较好的制种效果。

　　在 3 种不同行比处理下，苜蓿切叶蜂释放量为 3 万头时其不育系的结实率均最高，且极显著高于其他处理，而放蜂量 1 万头和 5 万头间的结实率差异并不显著。这表明只有放蜂量适宜时，才能取得较好的制种效果，放蜂量过多或过少均不利于苜蓿切叶蜂授粉。不育系的产量亦为放蜂量为 1 万头（A3）时最高，总产量也是放蜂量为 3 万头时最高，但与放蜂量为 5 万头（A4）的差异并不十分明显。从试验的结果看，在每公顷释放 3 万头苜蓿切叶蜂并以父母本 1：1 行比种植（A3B1）时，不育系的结实率、理论产量以及不育系加保持系理论总产量均达最高，制种效果最佳。

第四章

设施农业蜜蜂授粉技术与应用实例

　　设施农业是集生物技术、工程技术、环境技术、信息技术为一体的现代农业生产方式，具有农机与农艺融合、农机化与信息化融合，技术装备化、过程科学化、方式集约化、管理现代化的特点，可有效提高土地产出率、资源利用率和劳动生产率，增强农业综合生产能力，抗风险能力和市场竞争力。发展以设施蔬菜为代表的设施农业是实现传统农业向现代农业生产方式转变，建设新型现代农业的重要内容；是调整农业结构、实现农民增收和农业增效的有效方式；是提高土地利用率，建设资源节约型、环境友好型农业的重要途径；是增加农产品有效供给、保障食物安全和社会稳定的有力措施；也是促进农民就业，缓解农业人口压力的有效措施。中国人多地少，资源短缺，发展设施农业尤为必要。"十一五"期间，中国政府加大了对设施农业发展的重视程度和投入力度，中央十七届五中全会明确提出"加快发展设施农业和农产品加工业、流通业，促进农业生产经营专业化、标准化、规模化、集约化"。截至2010年年底，中国设施蔬菜年种植面积估计约达466.7万公顷，成为世界上设施面积最大的国家，比2004年年末的253.3万公顷翻了近一番，且仍以每年10%左右的速度在增长。目前，中国设施蔬菜产值已达7 000亿元，分别占蔬菜和全国种植业总产值的65%和20%以上，人均设施蔬菜的占有量已达200千克以上，中国农民人均增收接近800元，占农民人均纯收入的16%，提供了近4 000万个就业岗位，业已成为我国许多区域的农业支柱产业。

　　设施农业是现代高新农业技术的集中体现，授粉技术是设施农业发展的重要配套技术之一。过去，由于设施农业和大棚蔬菜缺乏必要的授粉昆虫，必须通过诸如人工蘸花、机械震动和激素处理等方法来为果蔬授粉，以促进坐果。这些方法虽有一定的效果，但都存在着不同的弊端，如人工蘸花不但费工费时，劳动强度大，而且坐果率低下，畸形果率高；机械震动相对省工，但授粉效果并不理想，而且需要每天操作，容易造成植物杆茎伤痕，引发病害感染；激素处理在增加产量上较为理想，但果实品质差，畸形果率高，更为重要的是还会造成激素污染，直接影响消费者的健康。温室授粉蜂的应用和推广不仅能很好的替代因人工蘸花授粉而带来的繁重工作量，而且能避免因喷施激素而使农产品品质降低等问题，达到省时、省力和明显改善农产品品质的目的，应用前景十分广阔，具有良好的经济和生态效益。

一般而言，能为陆地授粉的蜂种一般都能在温室内使用，但是，由于温室内的环境使得以熊蜂和意大利蜜蜂成为设施农业授粉的主力军。各种蜂的管理技术基本一致，下面以意大利蜜蜂为例进行说明，其他蜂种可以根据各自独特的生活习性在此基础上适当的加以改进。

第一节　设施作物授粉配套技术

一、设施作物授粉前期的准备

1. 设施环境特点及其对蜂群的影响

（1）设施作物生长环境特点

棚室内作物所生长的环境最大的特点就是高温高湿。在这种环境下，易引起蜜蜂生理机能紊乱，发育不良，蜜蜂孵化后，不能飞行，有的蜜蜂还会出现麻痹现象，在大棚前沿底边及蜂箱周围爬行，直至死亡。因此，在有利于大棚果蔬最佳生长的条件下，应考虑到蜜蜂适宜生存的环境条件，及时开启通风口，调节大棚内的温湿度，创造作物和蜜蜂共生的良好环境。

温差大，湿度大，空气污染严重是一般小型温室的另一大特点。现代化大型温室相对比较智能，完全能够达到恒温恒湿，将温湿度维持在适宜作物正常生长的需要范围。然而，大部分日光温室内缺乏升温和除湿设备，昼夜温差大，湿度大。在春冬季节，常常是夜晚温度很低（5℃左右），湿度很大（相对湿度95%以上），早晨升温缓慢，湿度也无法降低，到了中午阳光充足，温度就会快速升高到30℃以上，保持适宜的温湿度的时间很短。在这样的环境条件下，作物和蜂群都容易发生病虫害，授粉蜂群常会出现卵、虫发育不良和蛹不能正常羽化现象，群势下降十分明显，以致危及整群蜜蜂的生存。另外，温室内空气质量很差，空气中混杂着肥料和药物挥发的气体，有的温室种植过葱、蒜的土壤挥发出具有刺激性气味的气体，也有的温室用火炉等加温带来了烟雾，经常造成蜜蜂不出勤，甚至大量死亡。

（2）设施作物特点

作物的营养与发育是影响蜜蜂授粉效果的重要因素，缺少蜜粉源对蜜蜂生存和繁殖的影响是致命的。花粉是蜜蜂饲料中蛋白质、维生素和矿物质的唯一来源。温室内的花粉根本不能满足蜂群的需要，长期缺少花粉，幼虫和蛹将发育不良。而设施的环境条件决定了温室内作物的生长发育较自然界差，不良环境造成花器和花粉粒的发育不良、授粉和受精能力下降，于是，形成了花量少、泌蜜少、花粉少的蜜粉源条件，对蜜蜂的吸引力很小。

（3）设施环境对蜂群的影响

我国设施农业中现代化的大型连栋温室较少，绝大多数温室为面积在500平方米左右的小型拱棚温室，拱棚顶最高部位一般不高于3.2米，前后跨度在6米左右。这样狭小的空间制约着蜜蜂的飞行，造成大量蜜蜂冲撞棚膜而死亡。

由于设施农业一般会常年耕种，因而空气、土壤中有害物质或农药残留物会相对较大，同时，棚室内湿度相对较大，棚壁会凝结大量的水珠，地面有时也会积水，这些水往往含有大量有害物质。蜜蜂采集后容易引发病害，甚至大量中毒死亡。

2. 设施作物授粉前管理措施

（1）调温控湿，提供良好授粉环境

授粉期间，温湿度要求更加严格，出现偏差应及时采取措施。作物会因为温度的大幅波动，生长和流蜜不好，不利于吸引蜜蜂授粉。对于蜜蜂而言，当温度高于32℃时，蜜蜂一般就会滞工降温，全部爬出蜂巢，在箱外结团。湿度过大容易使中蜂得麻痹病，飞出蜂巢后不易再返回，群势下降太快，甚至造成蜂群全部死亡。

因此，必须通过采取科学的水肥管理措施和严格控制温室环境，增加作物的花量，提高花芽的质量。这样花朵流蜜量大，提高作物对蜜蜂的吸引力，有利于提高蜜蜂授粉效果。授粉期间，温湿度要求更加严格，出现偏差应及时采取措施。简便有效的措施就是：当温湿度过大时，通过通风换气来降温降湿；当温度过低时，通过电炉、火炉来升温，通过洒水来增加空气湿度。

（2）提前施药，预防蜜蜂中毒

棚室内作物所生长的环境最大的特点就是高温高湿，因此，棚室内作物更易患病虫害，因此，在授粉前期需要对棚室或温室内的授粉作物进行全面检查，必要时提前防治病虫害，并尽量使用高效、低毒、低残留的药物，防治后应进行充分的通风换气，排出有毒气体。

同时，还需检查棚室缓冲间等，取出所有与农药有关的物品，待药味散尽后再运蜂进棚（室）。检查温室和缓冲间时，应清除使用过的农药瓶和喷过农药的喷雾器或具有刺激气味的肥料等空气污染源，防止蜜蜂不出勤或中毒。填平温室内小水坑，以防水坑中残留的农药危害蜜蜂。特别提醒蜂农和菜农，未点燃的熏烟剂放在温室内阳光直晒的地方，天气晴朗时药包内温度升高就有自燃的可能，也应将其移除。

（3）加盖防虫网，防止蜜蜂飞逃

授粉蜂进温室前要检查棚膜是否有破洞，防止蜜蜂从破洞通风口飞出无法返回。通风口要加盖防虫网，防止授粉蜂飞出。棚膜与棚壁之间，要压平整不能有缝隙，刚进温室的蜂由于对环境不适应，一直想寻找能飞出温室的地方，蜜蜂进入缝隙会闷死。棚膜要贴紧地面压平，不能有褶皱，防止积水淹死蜜蜂。

（4）加强授粉作物水、肥、花管理

一般温室种植单一作物，也有多种作物同室的。由于蜜蜂具有典型的采集专一性，同一棚室内多种作物同时开花时，容易产生对蜜蜂的竞争，竞争力弱的作物授粉效果将受到影响，应采取提高授粉竞争力的措施或增加蜂群数量，或者种植花期错开的几种作物。由于蜜蜂具有沿行采集花粉的习性，因此，温室果树授粉树的种植方式应同一行内主栽品种和授粉品种混栽，不能分行定植。果树要适时修剪，每一行都应有等距离的授粉树，授粉后根据需要疏花疏果，根据情况加施肥料和浇水。

在温室生产管理时，常去除雄花，以减少植株营养消耗和浪费。然而，应用蜜蜂授粉的作物不应打掉雄花，否则影响蜜蜂授粉效果。

另外，网棚或温室中的作物与外界生长的同类作物相比较，水分、肥料、光照、通风、温度和湿度等生活条件都有较大的不同，均需要及时采取措施，使符合授粉植物果实的生长发育，否则可能会造成落果。

二、授粉蜂群前期准备

1. 授粉蜂群的获得与前期准备

和大田授粉蜂群一样，蜂群可以通过购买或租赁等方式来获得。由于温室内的空间和蜜粉源植物均有限，以使用授粉专用箱为宜（图4-1），这样能较好的控制蜂群的群势，既能使作物授粉充分，也不会使作物授粉过度。同时，为了长期保持蜂群良好的授粉能力，入室前应喂足饲料和根治蜂螨。如果利用蜜蜂为制种作物授粉，要特别注意在蜂群进入温室或网棚授粉之前，应先使蜜蜂在授粉前 2 ~ 3 天不采集其他植物花粉，尤其是相同或相近作物，以清除蜜蜂体上的外来花粉，避免引起杂交。

图 4 – 1 设施作物授粉蜜蜂专用箱
（罗术东 摄）

2. 授粉蜂群的组织与配置

蜜蜂授粉的效果主要取决于工蜂的出勤率和工蜂数量。授粉作物的种类不同效果也有所不同，一般面积 500 平方米 的温室配置 2 ~ 3 足框蜜蜂。如果为温室果树授粉时，由于果树花量大，花期短而且集中，应根据花朵数量确定放蜂数量，至少应增加 1 倍。温室，特别是日光节能温室昼夜温差大，为了有利于蜂群的维持和发展，群势也应控制在 2 足框以上，整个授粉期间一直保持蜂多于脾或者蜂脾相称。蜜蜂生长在野外，习惯于较大空间自由飞翔，成年的老蜂会拼命往外飞，直撞得棚膜"嘭嘭"作响，大部分会撞死。只有幼蜂能逐渐适应设施环境，故棚内授粉主要是靠幼蜂，其所占比例越大，授粉效果越好。因此，授粉蜂群应脱掉老蜂，尽量留适龄的幼蜂，北方地区秋季应做好繁殖工作，并在蜂群越冬前就做好授粉准备。

3. 选好位置，做好架子

放置蜂群应选择干燥的位置，并放在用砖头或木材搭起的高度为 30 厘米左右的架子上。在网棚或温室内，蜂群可以放在靠近作物、蜂路开阔、标志物明显但温度不会太高的地方，也可以摆在室外，巢门通向室内。根据网棚或温室的走向（东西或南北）、形状（方的还是长的），如果用 1 群蜂授粉，方形或长形的南北走向的网棚或温室，就将蜂群安放在作物田中间的位置或中部靠西侧，巢门略向东为好；东西走向的温室或网棚，蜂群宜放在距西壁 1/5 处北侧壁，巢门向东为宜。如果用 2 群或 2 群以上蜜蜂，则将蜂群分散置于网棚或温室中。同时要避开热源，如火炉等。

4. 计划好授粉蜂群进场时间

放蜂时间对授粉效果影响很大。例如，大棚或者温室种植的果树，花期短，开花期较集中，因此，应在开花前 5 天将蜂群搬进温室。让蜜蜂试飞、排泄，适应环境，并同时补喂花粉，奖饲糖浆，刺激蜂王很快产卵，待果树开花时，蜂群已进入积极授粉状态。若为蔬菜授粉，初花期花量少，开花速度也慢，花期延续时间长，授粉期长，因此，等到开花时，再将蜂群搬进温室就可以保证授粉效果。蜂群搬进温室的时间最好选择傍晚，如遇阴天更好，以减少蜜蜂的损失。

三、授粉期间蜂群管理技术要点

1. 适时入室

蜂群经过繁殖、隔离老龄蜜蜂、调整群势等处理后，及时将蜂群运到棚室或温室中进行授粉。具体进棚时间，以在果树或蔬菜刚开花时或有 10% 开花时为宜，傍晚将蜂群送入网棚或温室内。

2. 适应环境、诱导授粉

蜂群入室后首要的问题，让蜜蜂尽快适应温室的环境，诱导蜜蜂采集需要授粉作物。蜂群摆放好以后，不要急于打开巢门，应先进行短时间的幽闭，让蜜蜂有一种改变了生活环境的感觉，同时，也可避免运输过程中颠簸造成蜜蜂的躁动。待静置 2 小时或者更长时间以后，微开巢门，使得每次刚好能挤出一只蜜蜂的小缝，也可以用少许青草或植物的叶子将巢门进行封堵

（让蜜蜂从青草缝隙中挤出来），这样凡是挤出来的蜜蜂就能重新认巢，容易适应小空间的飞翔。

由于温室内的花朵数量较少，有些植物花香的浓度相应较淡一些，对蜜蜂的吸引力也就比较小，因此，应及时喂给蜜蜂含有授粉植物花香的诱导剂糖浆，第 1 次饲喂最好在晚上进行，第 2 天早晨蜜蜂出巢前再饲喂 1 次，以后每日清晨饲喂，每群每次喂 100 ~ 150 克。实践证明，采取上述措施后，能强化蜜蜂采粉的专一性，蜜蜂一经汲取，就形成了一种记忆，在以后访花过程中就陆续去拜访该种植物的花朵，诱导效果明显。

诱引剂糖浆的具体制作方法是：先用沸水融化同等重量的白砂糖，糖浆冷却至 20 ~ 25℃ 时，倒入预先盛有需要授粉植物花朵的容器内，密封浸渍 4 ~ 5 小时后即可饲喂。

3. 保温防潮、防暑降温

由于夜晚温度较低，白天中午温度过高，因此，需要进行必要的保温处理。在夜间，由于温度较低，蜜蜂紧缩，使外部的子脾无蜂保温而冻死，因此，加强蜂箱的保温措施，使箱内温度相对稳定，保证幼虫的正常发育，以使蜂群正常繁殖，保持蜜蜂的出勤积极性，延长蜂群的授粉寿命和提高授粉效果。在白天，蜂群必须保持良好的通风透气状态，同时，加盖保温物同样能使蜂箱内温度保持在一定范围内，不至于闷热环境对蜂群造成危害。由于温室内湿度较大，蜂群小，调控能力有限，应经常更换保温物或放置木炭，保持箱内干燥。

4. 喂水喂盐、确保生存

蜜蜂的生存离不开水。由于温室内缺乏清洁的水源，蜜蜂放进温室后必须喂水。网棚或温室内要有供水装置，以便蜜蜂采水，或者在蜂箱中喂水。

箱外喂水的方法有 2 种：一是采用巢门喂水器饲喂；二是在棚内固定位置放 1 个浅盘子，每隔 2 天换 1 次新鲜水，水面上可以放一些漂浮物或树枝，防止蜜蜂溺水致死。在喂水时加入少量食盐，补充足够的无机盐和矿物质，以满足蜂群幼虫和幼蜂正常生长发育的需要。

5. 喂蜜喂粉、维持群势

充足的蜜、粉是蜜蜂维持蜂群正常生长的必要条件。温室内的作物一般流蜜不好，尽管是泌蜜较好的作物，也因面积小，花量少，根本不能满足蜂群的正常的生活和生长需要，同时由于温室环境恶劣，蜜蜂的饲粮消耗量很大，要长期维持蜂群的授粉能力，就必须要喂蜜喂粉，尤其是在为蜜腺不发达的黄瓜、草莓授粉时更应该饲喂。蜜水或糖水一般采用 1 : 1 的比例，每 2 天喂一次。

喂花粉宜采用喂花粉饼或抹梁饲喂的办法。花粉饼的制作：选择无病、无污染、无霉变的蜂花粉，蜜粉比例为 3 : 5，将蜂蜜加热至 60℃ 左右趁热倒入盛花粉容器内，搅匀浸泡 12 小时，充分搅拌，直至花粉团散开，其硬度以放在框梁上不流到箱底为原则，越软越有利于蜜蜂取食。饲喂量 10 ~ 15 天喂 1 次最好，直至温室授粉结束为止。如果花粉来源不明应采用湿热灭菌或者微波灭菌的办法，进行消毒灭菌，以防病菌带入蜂群。

6. 多余巢脾、妥善保管

温室内湿度大，容易使蜂具发生霉变引发病虫害，所以蜂箱内多余的巢脾应全部取出来，放在温室外妥善保存。

7. 前期扣王、中期放王、防止蜂王飞逃

在为前期花量较少的作物授粉时，作为种植者而言，一般都想早期就搬进蜂群，收获早期的优质果。根据蜂群的发展规律：蜂王开始产卵后，蜂群开始进入繁殖时期，工蜂采集活跃，出勤率高。采取前期扣王，限制蜂王产卵，可以有效地制约蜂群的出勤和活动，少数蜂出勤活动足以使前期有限的花得到充足的授粉，有利于保持和延长大量工蜂的寿命。进入盛花期后，放王产卵，调动较多蜜蜂出勤，也达到了充分授粉的目的，也使蜂群得以发展。

温室环境恶劣，加上管理措施不到位，有时会出现蜂群飞逃现象，尤其应用中华蜜蜂授粉时更易发生。因此，剪掉蜂王翅膀 2/3，防止蜂群飞逃。

8. 缩小巢门、严防鼠害

冬季老鼠在外界找不到食物、很容易钻到温室生活繁殖。老鼠对蜂群危害很大，咬巢脾，偷吃蜜蜂，扰乱蜂群秩序。蜂群入室后应缩小巢门，只让 2 只蜜蜂同时进出，防止老鼠从巢门钻入蜂群。同时，应采取放鼠夹、堵鼠洞、投放老鼠药等一切有效措施消灭老鼠。

9. 适时出室、及时合并

到3月初，天晴时，温室内温度比较高，蜂群不宜在棚内，便可搬出。可以将蜂箱放置在室外，巢门开向温室内，这样可保证蜂群安全，又可完成授粉任务。授粉期结束，大部分蜂群蜂量很少，无法进行正常繁殖，应及时合并蜂群，或从蜂场正常蜂群抽调蜜蜂补充。

第二节　设施作物授粉增产应用实例

一、温室草莓不同蜂授粉增产应用实例

1. 试验背景

中国农业科学院蜜蜂研究所安建东等于2009年10月至2010年4月在位于北京市海淀区凤凰岭的北京源霖生物技术有限公司开展了不同授粉蜂种为温室草莓授粉的试验。试验在该公司的12个并排草莓温室进行，草莓栽培时间一致，长势相当。温室为塑膜日光温室，结构为二四双层墙砖，墙厚0.6米、高2.1米，后坡仰角35°，脊高3.5米，长60米宽7米，温室顶部加盖一层带有自动卷铺系统的保温被。

2. 授粉对象

供试草莓品种为"红颜"，2009年10月初定植。采用高畦栽培方式，一垄栽培2行，行距和株距均为20～25厘米，垄距60厘米，用双层地膜覆盖，黑色地膜上盖一层稻草，上面加盖一层白色地膜。生长过程采用常规的施肥和田间管理方法，采用地灌方式，7～10天灌溉一次。

3. 授粉蜂种

试验共选取3种授粉蜂，一种为我国广泛应用于草莓授粉的意大利蜜蜂。另两种为熊蜂，其一是中国农业科学院蜜蜂研究所科研工作者从诸多种本土熊蜂中筛选出来的最易人工繁殖且利用较多的小峰熊蜂。其二是地熊蜂，由北京市农林科学院信息所从国外引进。

4. 蜂群配置与管理

以 3 个温室为 1 组，分别放置意大利蜜蜂、地熊蜂和小峰熊蜂各 1 箱于温室中部（意大利蜜蜂 3 500～4 000 只／箱，熊蜂 100～150 只／箱）。意大利蜜蜂为越冬前培育的适龄越冬蜂，2 种熊蜂开始室内繁殖的时间相当，保证 3 种蜂的工蜂都处于青壮年蜂时期。每个温室用尼龙纱网罩住 3 垄草莓地不让蜂授粉作为对照。共设置 4 组重复。

5. 数据统计

观察不同蜂的访花行为和授粉效果。具体来讲就是观察和记录不同蜂种在一天中不同时刻出巢温度、开始授粉温度、访花频率、持续访花时间、回巢携粉率及携回花粉的花粉活力等访花行为评价指标。同时，在果实成熟期间，每组采集草莓至少 2 千克，记录每次采摘果实的畸形果数、总果数，用电子天平测量单果重，并随机抽取 1 千克委托农业部蔬菜品质监督检验测试中心（北京）检测草莓的维生素 C 含量、总糖和总酸等营养品质。

6. 试验结果

在草莓温室内，意大利蜜蜂的出巢温度及工作起点温度均显著高于小峰熊蜂和地熊蜂（$P < 0.01$），2 种熊蜂之间的出巢温度及工作起点温度差异不显著（$P > 0.05$）。意大利蜜蜂、小峰熊蜂、地熊蜂的出巢温度分别为 12.72℃ ± 0.67℃（10:30）、6.01℃ ± 0.28℃（9:00～9:30）、6.28℃ ± 0.37℃（9:00～9:30）。开始授粉温度分别为 13.53℃ ± 0.54℃（10:30～11:00）、8.49℃ ± 0.78℃（9:30～10:00）、8.74℃ ± 0.97℃（9:30～10:00）。说明两种熊蜂的活动温度比意大利蜜蜂低，开始授粉的时间都比意大利蜜蜂早 1～1.5 小时。这说明在草莓温室内，小峰熊蜂和地熊蜂的出巢温度、开始授粉温度都比意大利蜜蜂低，日工作时间比意大利蜜蜂长，而且访花频率及速度也比意大利蜜蜂快，所以，单只熊蜂授粉的效率比意大利蜜蜂更高。虽然意大利蜜蜂与 2 种熊蜂相比具有个体数量多的优势，但意大利蜜蜂最大的弱点是活动起点温度高，如果花期全部或大部分时间是晴天，意大利蜜蜂可以满足温室作物的授粉需要，但如果花期巧遇长时间的阴天或雪天等低温天气，意大利蜜蜂就不会出巢活动，延误授粉工作。

对不同蜂的平均单花访花持续时间和两花访问间隔时间的观察表明，意大利蜜蜂的平均单花访问持续时间和两花访问间隔时间均显著高于小峰熊蜂和地熊蜂（$P < 0.01$）。而 2 种熊蜂的平均单花持续时间和访花间隔时间均差异不显著（$P > 0.05$）。

意大利蜜蜂、小峰熊蜂和地熊蜂携带花粉的百分率分别为 26.74% ± 2.33%（$n = 1\,351$ 只）、17.58% ± 2.53%（$n = 1\,260$ 只）和 10.90% ± 3.04%（$n = 2\,574$ 只）。三者的携粉率明显不同，意大利蜜蜂最高，小峰熊蜂居中，地熊蜂最低（$P < 0.01$）。而且，3 种蜂携带的花粉活性也有所差异，意大利蜜蜂最高 31.12% ± 2.84%（$P < 0.01$），小峰熊蜂和地熊蜂携带花粉的活性差异不显著（$P > 0.05$），分别为 14.20% ± 0.81% 和 17.06% ± 1.23%。

对所测的草莓品质指标进行统计分析发现，3 种蜂授粉的草莓维生素 C 含量、总糖、总酸、糖酸比均差异不显著，与对照相比也不存在差异（$P > 0.05$）。但是，3 种蜂在单果重、畸形果率的指标上存在差异，意大利蜜蜂、小峰熊蜂授粉的草莓果实单果重显著高于地熊蜂和对照组（$P < 0.05$）。对照组的单果重最低。对照组的草莓畸形果率最高，显著高于 3 种蜂的畸形果率（$P < 0.05$），其中，意大利蜜蜂授粉的草莓畸形果率显著高于 2 种熊蜂（$P < 0.05$），2 种熊蜂授粉的草莓畸形果率差异不显著（$P > 0.05$）。

值得注意的是，在试验过程中研究者还发现，在一个温室内放置 2 箱地熊蜂，经过地熊蜂授粉的草莓花容易变黑，甚至造成有些草莓花干死，这是地熊蜂活动频繁造成过度授粉的缘故。放置 2 箱小峰熊蜂的温室草莓虽然无此现象发生，但试验表明放置 1 箱熊蜂的授粉寿命更长。所以，在实际应用中，不要以为熊蜂群体数量少而过度配置授粉蜂群，700 平方米以内的温室草莓用 1 箱熊蜂完全可以满足授粉需要。

二、温室桃园熊蜂授粉增产应用实例

1. 试验背景

2004 ~ 2006 年，中国农业科学院蜜蜂研究所研究人员在北京市平谷区大兴庄镇白各庄村和唐庄子村的温室桃园进行了熊蜂为温室桃授粉增产技术的研究。试验所用温室均为塑膜日光温室，结构为二四双层砖墙，墙厚 0.6 米、高 2.1 米，脊高 3.1 米，内跨 6 米，长 80 米，后坡仰角 35°，棚面为拱圆形钢架结构，覆盖无滴长寿膜，冬季膜上加一层保温被。

2. 授粉对象

在温室中按一定比例栽培晚久保桃、早露蟠桃和瑞光 5 号油桃，均为

1999 年定植，行、株距 1.5 米 × 1 米。

3. 授粉蜂种

明亮熊蜂，授粉时保证每群蜂约有 60 只以上的工蜂和大量卵和幼虫。

4. 蜂群配置与管理

按照 1 个温室 1 箱蜂的标准配置熊蜂，在桃树开花前 2 天，将蜂箱（熊蜂）搬进温室，固定在温室中部的墙壁上，高度为离地 1 米左右，巢门朝南，蜂群静止 2 小时后打开巢门。

温室顶部的通风口全部用防虫网隔离，防止熊蜂外逃。温室内放置喂水器，每 2 天将水更新 1 次，授粉期间不打药。

5. 数据统计

在桃树开花期间，观测熊蜂的出巢温度、开始访花时间、日活动频率、活动高峰期时的访花部位、访花速度和持续时间等行为，以及在温室内的适应性和携带花粉回巢的比例。花期结束后，在果实硬核期分别调查坐果率。

6. 试验结果

经明亮熊蜂授粉的晚九保桃、早露蟠桃和瑞光 5 号油桃的平均坐果率分别为 49.30%、38.17% 和 50.58%，显著高于人工掸花授粉的平均坐果率（分别为 25.02%、20.91% 和 26.39%）；经明亮熊蜂授粉的各种桃树，其树冠上、下层坐果率差别不大，上层略高于下层。

7. 注意事项

经明亮熊蜂授粉的温室桃园坐果率高，应及时疏花疏果，追施肥料，及时浇水，防止结果太多而影响商品果的大小。

三、温室甜椒熊蜂授粉增产应用实例

1. 试验背景

中国农业科学院蜜蜂研究所 2003 年 12 月 25 日至 2004 年 3 月 10 日在北京巨山农场绿色食品中心温室开展。温室类型为 PC 板节能日光温室，温室顶部加盖一层由自动卷铺系统控制的复合保温被。

2. 授粉对象

玛奥甜椒，为无限生长型，由以色列引进。播种日期为 2003 年 7 月 20 日，定植日期为 2003 年 8 月 25 日，大行距 80 厘米，小行距 60 厘米，垄高 15 厘米，定植株距 30 厘米，每垄面积 7 平方米，每亩定植 2 000 株左右。

3. 授粉蜂种

明亮熊蜂，授粉时保证每群蜂约有 60 只以上的工蜂和大量卵和幼虫。

4. 蜂群配置与管理

采用常规田间管理方式，温室内温度白天控制在 25℃ 左右，超过 26℃ 时打开 PC 板通风换气，晚上控制在 10℃ 以上，温室的通风窗用防虫网封堵，防止熊蜂飞跑。2003 年 12 月 25 日将熊蜂搬进温室开始授粉，至 2004 年 3 月 10 日授粉结束，2004 年 2 月 4 日和 3 月 1 日各更换一群熊蜂，2003 年 1 月 18 日至 2004 年 3 月 31 为日采收期。

5. 数据统计

记录经熊蜂授粉的甜椒的坐果数、产量、单果重、横茎、纵茎、心室数和种子数，并进行统计分析；抽样检测甜椒中纤维素、硝酸盐、维生素 C、铁、钙和磷化学物质的含量。坐果数、产量、单果重、横茎、纵茎、心室数和种子数以平均值和标准差显示，差异性用 t-检验和 LSD 法多重比较分析；纤维素、硝酸盐、维生素 C、铁、钙和磷由农业部蔬菜品质检测中心检测。

6. 授粉的结果

应用熊蜂为日光温室甜椒授粉，与无蜂授粉（空白）对比，甜椒单果重增加 20.9%，种子数增加 48.1%，心室数增加 29.6%，产量增加 15.3%。在营养指标上，纤维素含量减少 50.0%，硝酸盐含量降低 13.8%，铁含量增加 175.8%。

统计结果表明，熊蜂授粉能够增加甜椒的单果重、心室数、果实大小和小区产量，降低纤维素和硝酸盐含量，增加铁含量，促进营养物质吸收和果实生长，改善果实品质。

四、温室番茄熊蜂授粉增产应用实例

1. 试验背景

2000 年 11 月 15 日至 2001 年 2 月 10 日。北京市巨山绿色食品中心第 4 号温室。所用温室类型为 PC 板节能日光温室，温室顶部加盖一层由自动卷铺系统控制的复合保温被。

2. 授粉对象

番茄（中杂 12 号），定植日期为 2000 年 10 月 20 日，定植密度为 100 厘米 × 50 厘米 × 50 厘米，采摘时间为 2001 年 2 月 19 日至 2001 年 4 月 13 日。

3. 授粉蜂种

授粉熊蜂种为欧洲地熊蜂 *B. terrestris*，由中国农业科学院蜜蜂研究所从国外引进试验。每个温室放置熊蜂 1 群。

4. 授粉结果

研究结果表明，熊蜂授粉在产量上比激素保果和对照组分别增加了 59.26% 和 142.15%，单果重分别提高了 90.83% 和 21.95%，畸形果率分别下降了 67.41% 和 83.68%，糖酸比分别增加了 55.30% 和 118.42%，维生素 C 含量分别提高了 49.09% 和 35.53%，总糖含量提高了 13.98% 和 64.02%，而且应用熊蜂授粉还可以缩短果实成熟期，改善果实品质，味道鲜美，爽口宜人。

五、大棚吊蔓西瓜壁蜂授粉增产应用实例

1. 试验背景

试验在 6 栋新建钢架大棚内进行，每个大棚长 74 米，宽 8 米，高 3.6 米，占地面积 592 平方米，南北棚向，两侧设置有防虫网。

2. 授粉对象

试验品种为"玲珑王"礼品西瓜。该品种为特早熟西瓜，雌花持续坐果能力强，单果重 1.5 ~ 2.5 千克，果实短椭圆形，红瓤，品质佳，耐贮运。

统一穴盘育苗，2011 年 3 月 24 日起垄定植，1 垄 2 行，平均行距 80 厘米，株距 45 厘米，东西行向，每行定植 18 株，每棚定植 1 480 株左右（折合 1 853株/亩）。采用双蔓整枝，吊蔓栽培，第 1 雌花不留瓜，以留第 2、第 3 雌花坐果为主，每株只留 1 个瓜，幼瓜长至 0.5 千克左右时用网袋吊瓜。

3. 授粉蜂种

供试壁蜂为角额壁蜂。冬季先将壁蜂茧放在室内自然保存，2011 年 2 月转贮于冰箱中，温度控制在 2～5℃待用。

4. 蜂群配置与管理

壁蜂巢箱采用普通旧纸箱，巢管采用废旧打印纸人工卷制而成，纸管长 20 毫米，内径 6～6.5 毫米、壁厚 1～1.2 毫米，每 50 支巢管捆成 1 捆，一端用黏泥涂抹封口后晒干待用。在西瓜吊蔓作业结束，第 2 雌花开放前 5～7 天时释放壁蜂。采用壁蜂授粉的棚室各释放壁蜂 1 000 头。

释放壁蜂的具体方法如下。设置蜂巢：在壁蜂授粉的大棚中间和棚门内一侧各设 1 个蜂巢，巢间距 40 米左右，巢口朝向东南方向。巢箱前要相对开阔，以便壁蜂觅巢。巢箱距地面 0.5 米左右，用木棍将巢箱固定好后，在每个巢箱内放入纸巢管 500 根。释放壁蜂：将冷藏保存的壁蜂茧于放蜂的当天早晨取出，按 500 个壁蜂茧 1 组分装于扁平小纸盒内后，先放在室温下存放 8～10 小时，促使壁蜂茧破茧。傍晚时间放蜂，将备好的放茧盒四周戳多个直径 0.7 厘米小洞后，放在巢箱内的巢管上。放好壁蜂后，在巢箱口前的空地上做 1 个直径 40 厘米左右小泥坑（壁蜂在产卵期营巢采泥用）。蜂巢一旦放置好后，不再移动，放蜂期间的管理只是每天傍晚向泥坑内少量浇水保湿即可。

人工授粉（对照）采取对西瓜第 2、第 3 雌花全部授粉的办法。即在西瓜第 2、第 3 雌花开放期的上午 08:00～10:00，采摘雄花，剥去花瓣露出雄蕊，将花粉涂于雌花的柱头上，1 朵雄花涂抹 3～4 朵雌花。授粉后在授粉雌花节位上拴牌标记。

5. 数据统计

调查不同授粉方法的坐果数、平均单果重和产量、商品果率含糖量和单果种籽数，然后根据各相关指标统计各个处理授粉投资金额。

6. 授粉结果

壁蜂授粉后，西瓜的第 2 雌花平均坐果率（98.4%）比人工授粉（92.9%）提高了 5.9%，差异显著；第 3 雌花的的平均坐果率（97.9%）比人工授粉（88.7%）提高了 10.4%，差异达极显著。通过不同棚的壁蜂授粉坐果率来看，各棚室之间坐果率极为接近，说明壁蜂授粉可均衡而显著地提高坐果率，而采用人工授粉则因授粉人员的差异，各棚室之间的坐果率差异相对较大。

采用壁蜂授粉后，西瓜的平均单果重为 1.77 千克，亩产量为 3 285.67 千克，比人工授粉的产量提高了 7.2%，差异显著。商品果率提高 3.92%，每亩增加商品果 322 千克。壁蜂授粉后的西瓜的单果平均种籽数和含糖量分别为 105.8 粒/果和 12.81%，其中，单果平均种子数比人工授粉（97.9 粒/果）提高了 8.0%，差异显著。

壁蜂授粉的投资按每亩棚室放蜂 1 000 头（0.06 元/头），所需巢管 1 000 根（0.05 元/根），巢箱 2 元，人工费 20 元，防虫网 200 元计算，共花费 332 元。人工授粉的投资按当地每亩吊蔓西瓜每天平均用工 5 人，平均工资 35 元/天，授粉作业平均 6 天计算，大约需花费 1 050 元。壁蜂授粉亩增加商品果 322 千克，"玲珑王"礼品西瓜按照 5 元/千克计算，大棚吊蔓西瓜采用壁蜂授粉每亩比人工授粉节省资金 718 元，增收 1 608 元，增加经济效益 2 326 元。

该试验结果表明，大棚吊蔓西瓜采用壁蜂授粉效果优于人工授粉，不但大幅度地降低了授粉费用，而且坐果率、西瓜平均单果重、产量和商品果及经济效益也较人工授粉有明显提高。应用壁蜂授粉，成本低、简单易行。吊蔓西瓜采用壁蜂授粉后，单果的种子数量比人工授粉的提高了 8.0%。壁蜂授粉充足，增加了单果种籽数，提高了西瓜果实内的生长素水平，促进了果实的发育，从而提高了西瓜单果重、产量、商品果率。

第五章

蜜粉源植物生理学

　　蜜粉源植物是蜜蜂食料的主要来源之一，是发展养蜂生产的物质基础。蜜源植物是指具有蜜腺，能分泌蜜露并被蜜蜂采集酿造成蜂蜜，能为蜜蜂的生存与繁衍提供主要能源物质的植物。在养蜂生产中，常把蜜源植物和蜜粉源植物甚至于粉源植物，统称为蜜粉源植物。粉源植物是指能产生较多花粉，并为蜜蜂采集利用的植物，能为蜜蜂的生活提供基本的蛋白质来源的植物。蜜粉源植物是指既有花蜜又有花粉供蜜蜂采集的植物。

　　花是植物的基本构成单位，也是蜜粉源植物最主要的构成因素。因此，要了解蜜粉源植物，就必须先了解花的基本组成。

第一节　花的基本构成

　　在花的组成与构造中，既有相当于茎的部分（如花柄、花托），也有相当于叶的部分（如花萼、花冠、雄蕊、雌蕊），但花的枝条不同于普通枝条。

　　首先，花是适应于繁殖功能的变态枝条。花由花芽发育而成，具有枝条的特点，是种子植物所特有的适应生殖的变态枝，所以，种子植物又叫显花植物或有花植物。同时，花也是种子植物的繁殖器官，种子植物的有性繁殖过程由花开始，而后通过花的生殖作用产生果实和种子。在种子植物中，花的特化程度常因植物类群不同而存在差异，如裸子植物的花较原始，无花被、单性，雄花称雄球花，雌花称雌球花，而被子植物的花则高度进化，构造也较复杂。所以，通常所述的花是被子植物的花。

　　花的形态和构造随植物种类而异，但同一类植物的花的形态和构造较其他器官稳定，变异较小，植物在长期进化过程中所发生的变化，也往往从花的构造方面得到反映。因此，掌握花的有关知识，对于了解蜜粉源植物的开花习性和泌蜜规律等均具有重要意义。

一朵花通常由花柄、花托、花萼、花冠、雄蕊群和雌蕊群六个部分组成（图5-1），有些植物的花还有蜜腺或苞片等。如上文所述，花是变态的枝条，这一点在18世纪德国诗人、哲学家和博物学家歌德的著名论文《植物的变态》中就有反映：从形态上看，花萼、花冠、雄蕊群和雌蕊群具有叶的一般性质，花托是节间极度缩短的不分枝的变态茎。

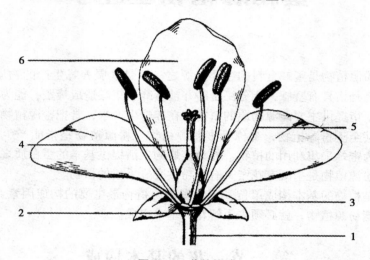

图5-1 花的构造

1. 花柄；2. 花托；3. 花萼；4. 雌蕊；5. 雄蕊花药；6. 花冠

一、花柄

花柄又称花梗，是花连接茎枝的部分，是各种营养物质由茎向花输送的通道，是着生花的小枝，并支持着花使它向各方展布。花柄常呈绿色，圆柱形，花柄的粗细、长短因植物种类不同而异。

二、花托

花柄的顶端部分是花托，花托是花柄顶端稍微膨大的部分，是花萼、花冠、雄蕊群、雌蕊群着生的部位，一般而言，由外到内（或由下至上）依次为花萼、花冠、雄蕊群和雌蕊群。花托的形状一般呈平顶状或稍凸的圆顶状。不同植物种类的花托形状不同，有的伸长呈圆柱状，如玉兰；有的凸起如覆碗状，如草莓；很多蔷薇科植物的花托中央部分向下凹陷并与花被、花丝的下部愈合形成盘状、杯状或壶状的结构，称为被丝托或托杯（hypanthi-um，以前称为萼筒），如珍珠梅、桃、蔷薇等；有的花托膨大呈倒圆锥形，如莲。有的花托在雌蕊群基部向上延伸成为柄状，称雌蕊柄，如花生的雌蕊柄在花完成受精作用后迅速延伸，将先端的子房插入土中，形成果实，所以，也称为子房柄。蜜粉源植物在雌蕊基部形成能分泌甜汁的花盘或腺体，俗称蜜腺。

三、花萼

花萼是一朵花中所有萼片的总称，由若干萼片组成，环列于花的最外层，叶片状，常为绿色，起着保护幼花的作用。花萼常因萼片是否相连而分为离生萼和合生萼，前者的萼片彼此分离，如毛茛、油菜等；萼片互相连合的称合生萼，如曼陀罗、地黄，其连合部分称萼筒或萼管，分离部分称萼齿或萼裂片。有的萼筒一侧向外凸成一管状或囊状突起称为距，如凤仙花、旱金莲等。若果实形成前花萼脱落的称落萼，如虞美人、油菜等；若果期花萼仍存在并随果实一起发育称宿存萼，如柿、茄等。若花萼有两轮，则通常内轮称萼片，外轮叫副萼（亦叫苞片），如棉花、草莓等。若萼片大而鲜艳呈花瓣状称瓣状萼，如乌头、铁线莲等。菊科植物花萼细裂成毛状称冠毛，如蒲公英、飞蓬等。此外，牛膝、青葙的花萼变成膜质半透明。

四、花冠

花冠是一朵花所有花瓣的总称，它位于花萼内侧，具有各种颜色和香味，起着保护雌蕊、雄蕊和吸引昆虫授粉的作用。花冠也有离瓣花冠（如桃、萝卜）与合瓣花冠（如牵牛、桔梗）之分。合瓣花冠的连合部分称花冠管或花冠筒，分离部分称花冠裂片。有的花瓣在基部延长成囊状或盲管状亦称距，如紫花地丁、延胡索。

花冠常有多种形态，常见的有如下几种类型（图5-2）。

（1）十字花冠

离瓣花冠，花瓣4片，呈十字形排列，如荠菜、萝卜等十字花科植物。

（2）蝶形花冠

离瓣花冠，花瓣5片，排列成蝴蝶形，上面1片位于花的最外方且最大称旗瓣，侧面2片位于花的两翼较小称翼瓣，最下面的两片最小且顶部常靠合，并向上弯曲似龙骨称龙骨瓣，如甘草、黄芪等豆科植物。

（3）管状花冠

合瓣花冠，花瓣绝大部分合生成管状（筒状），其余部分（花冠裂片）沿花冠管方向伸出，如红花、白术等菊科植物。

（4）高脚碟状花冠

合瓣花冠，花冠下部合生成长管状，上部裂片成水平状扩展，形如高脚碟子，如迎春、水仙。

（5）漏斗状花冠

合瓣花冠，花冠筒长，自下向上逐渐扩大，形似漏斗，如牵牛、旋花等旋花科和曼陀罗等部分茄科植物。

（6）钟状花冠

合瓣花冠，花冠筒稍短而宽，上部扩大成古代铜钟形，如桔梗、党参等桔梗科植物。

（7）辐状花冠

合瓣花冠，花冠筒短，花冠裂片向四周辐射状扩展，似车轮辐条，故又可称轮状花冠，如枸杞、茄等茄科植物。

（8）唇形花冠

合瓣花冠，下部筒状，上部呈二唇形，通常上唇二裂，下唇三裂，如益母草、紫苏等唇形科植物。

（9）舌状花冠

合瓣花冠，花冠基部连合成一短筒，上部裂片连合呈舌状向一侧扩展，如向日葵、菊花等菊科植物。

通常把花萼和花冠合称为花被。花被具有保护作用，有些植物的花被还有助于传送花粉。花被有很多变化，不同植物的花萼或花冠在形态、大小和颜色方面区别很大。

五、雄蕊群

雄蕊群是一朵花中所有雄蕊的总称，位于花被的内方，常着生在花托上，但也有着生在花冠上的，称贴生，如泡桐、益母草。雄蕊的数目随植物种类不同而异，一般与花瓣同数或为其倍数，雄蕊数在 10 枚以上称雄蕊多数或不定数。雄蕊是由花丝和花药组成的，花丝细长，为雄蕊下部细长的柄状部分，起连接和支持作用，使花药在空间上伸展，有利于花粉的散放，并向花药转运营养物质；花药着生于花丝顶端，为膨大的囊状体，内部由 4 个或 2 个花粉囊组成，分为两半，中间为药膜。花粉囊内能产生许多花粉，花

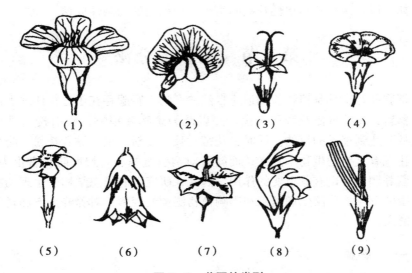

图 5 − 2　花冠的类型

（1）十字花冠；（2）蝶形花冠；（3）管状花冠；（4）漏斗状花冠；（5）高脚碟状花冠
（6）钟状花冠；（7）辐状花冠；（8）唇形花冠；（9）舌状花冠

粉成熟时，花粉囊以各种方式自行开裂，产生大量的花粉。

六、雌蕊群

　　雌蕊群是一朵花内所有雌蕊的总称，多数植物的花内只有一个雌蕊，但也有多枚雌蕊的。雌蕊位于花的中央，由柱头、花柱和子房 3 部分组成。柱头位于雌蕊顶端，多有一定的膨大或扩展，常扩展为呈乳突状、毛状或其他形状，用以承受花粉粒。花柱位于柱头和子房之间，形状细长，是花粉管进入子房的通道。花柱分为空心的与实心的两类，空心花柱中空，中央是花柱道，实心花柱中央是引导组织，花粉管穿过引导组织进入子房。子房是雌蕊基部膨大的部分，着生于花托上，胚珠着生于子房内。

　　一朵具有萼片、花瓣、雄蕊和雌蕊的花是完全花，如桃；缺其中一项或两项的为不完全花，如杨属的花是无被花，没有花萼花冠；铁线莲仅有花萼，缺少花冠，为单被花。一朵具有雌蕊和雄蕊的花为两性花；缺少一种花蕊的为单性花，其中，仅有雄蕊的为雄花，仅有雌蕊的为雌花，如黄瓜。有花被而无花蕊的为无性花或中性花，如向日葵花盘的边花。雌花和雄花生于同一植株的，为雌雄同株，如黄瓜；雌花和雄花生于不同植株的为雌雄异株，如杨属。两性花与单性花共同生于一植株上的为杂性同株，如柿。

第二节　花蜜的分泌

　　蜜腺和花蜜都是植物长期适应自然的产物。蜜腺存在于植物体地上部分的各器官，制造分泌花蜜和露蜜，并以此为诱物和报酬，吸引授粉昆虫采食，从而达到授粉的目的。同时，花蜜对吸引授粉昆虫、黏着花粉、防止花粉干化等有重要的生物学意义；而露蜜对招引蜜蜂和蚂蚁而防止害虫为害、自体营养调节等也有着重要的作用。因此，研究蜜腺形态结构、生理功能以及花蜜的形成、分泌生理基础和影响植物泌蜜的因素，对养蜂生产和科研有重要意义。

一、蜜腺

1. 蜜腺的形态结构

　　蜜腺是普遍存在于植物上分泌糖液的外分泌组织，是植物在长期的演化过程中，适应获取异源基因、保证种群繁衍和进化而形成的一种特殊腺体。其分泌的蜜汁具有吸引授粉生物采食引发授粉效应，或吸引蚂蚁采食保护植物不受食草动物的侵害及防止微生物侵入等功能。其形状、大小、颜色以及所在位置，因植物种类不同而异。

　　植物蜜腺是在植物其他器官基本分化形成后才开始发育的。它起源于蜜腺原基。蜜腺原基来源于各器官基部的表皮细胞及其下面的数层细胞，这些细胞较周围细胞的核大，细胞质浓，具有分生组织的特点。它们不断的分裂使器官基部产生突起，发育为蜜腺原基。此后，蜜腺原基细胞经过平周分裂和垂周分裂。使整个蜜腺体积增大并分化形成分泌表皮和泌蜜组织。据报道，许多蜜腺的泌蜜组织在发育过程中含有丰富的淀粉。

　　（1）蜜腺的结构

　　蜜腺的结构通常有两种：一种由分泌表皮和泌蜜组织构成，如革苞菊雌花的蜜腺随着大孢子的发育而分化成表面、内部两种不同类型的细胞。表面的分泌表皮细胞由单层细胞组成，内部的泌蜜组织由多层多边形细胞组成，蜜腺中无维管束。又如獐牙菜花蜜腺是由分泌组织及附属物鳞片和流苏组成。分泌组织分布于花冠组织中，裸露或被鳞片、流苏以各种方式遮盖，裸露的被称为腺斑，其形状有圆形、长圆形、马蹄形等。被附属物遮盖的泌蜜组织被称为蜜窝，有囊状、杯状，其开口处具毛状流苏。

另一种由分泌表皮、泌蜜组织和维管束 3 部分构成。这类蜜腺的植物如短果大蒜芥，其蜜腺为不规则的环状突起，是由条状纹饰的分泌表皮、产蜜组织以及维管束构成。维管束来自花托维管束的分支。大量研究认为，分泌组织细胞内含有浓厚的细胞质，有显著的细胞核和大量的细胞器（线粒体、内质网、高尔基体、核糖体等），分泌细胞具有体小、壁薄、核大、胞质颗粒致密、内质网多等特征。分泌组织通常和韧皮部的维管束相接，而植物蜜腺的维管束主要是由韧皮部组成。

不同植物的蜜腺结构不同，即使是同一植物，其蜜腺结构也可能存在差异。例如，旱柳的雌花序着生在子房基部与花序轴之间的花托上，其形态为扁平的半圆形、心形或哑铃形，内部结构由表皮、泌蜜组织和维管束组成。雄花序着生在花丝与花序轴和苞片之间，呈棒状，内部结构由表皮和泌蜜组织组成。

（2）蜜腺的形态

不同种类植物的蜜腺形态不同。从外观上来看，植物蜜腺的颜色一般都比邻近组织的颜色鲜艳夺目。蜜腺的大小也常因植物种类、不同树龄和着生部位而存在差异。如木本植物大年花朵和蜜腺大，而小年则反之；主茎花蜜腺大，分枝和枝顶部的花蜜腺小。几种常见蜜腺的形状和颜色如表 5 - 1 所述。

表 5 - 1　几种常见蜜粉源植物的蜜腺形状和颜色

蜜粉源植物名称	蜜腺形状	蜜腺颜色
油菜	圆形	绿色
荞麦	圆形	黄色
紫椴	瘤状	黄色
柳属	肾形	黄色
地锦槭	环状	黄绿色
柑橘	瘤状	绿色
柠檬桉	环状	黄色
枰木	环状	黄色
蚕豆	圆形	紫色

2. 蜜腺的主要功能

蜜腺的主要功能是制造和分泌蜜汁。前蜜汁通过植物体的输导组织——维管束的筛管运到蜜腺，集聚于分泌组织，在酸性磷酸酯酶、氧化酶和糖代谢酶的作用下，转化为蜜汁。蜜汁通过胞间连丝，送到表皮细胞或毛状体，先储于内质网中，以后转移到由内质网产生的囊泡内，囊泡逐渐向原生质膜移动，最后两者融合，蜜汁便从细胞中释放出来，通过薄壁表皮细胞分泌；或由毛状体分泌，或适应这种功能特化了的分泌孔分泌；或外壁膨胀使角质层破裂分泌，花蜜便积聚于蜜腺之外。

蜜腺具双向输导和再吸收的功能。用放射性同位素标记试验表明，蜜腺不仅能分泌蜜汁，而且还能吸收蜜汁，这种现象不仅在泌蜜末期有，而且在整个泌蜜过程都有，从而使花蜜成分得到进一步改善。蜜腺组织的薄壁细胞还能从蜜汁中再吸收氨物质、磷酸盐和其他物质。蜜汁的分泌并不是韧皮部的渗出物经过细胞膜向外空间简单的移动，而是在蜜腺细胞和胞间连丝所分开的外界环境之间的平衡为基础的。

蜜腺还具有阻留 NH_2 物质的功能。其阻留能力随蜜腺结构复杂程度而增大。如刺槐高度特化了的蜜腺分泌的蜜汁中，NH_2 化合物的含量比韧皮部渗出物的少 5 000 倍。

在蜜腺细胞中，发现有活化的酸性磷酸脂酶，表明蜜腺有强烈的磷代谢作用。

3. 蜜腺的类型

根据蜜腺在植物体上的部位可分为花内蜜腺和花外蜜腺两大类型。

（1）花内蜜腺

花内蜜腺常简称为花蜜腺，花蜜腺是指分布在花器官各组成部分或花序上的蜜腺。花蜜腺是蜜蜂采集的主要对象，我国生产的蜂蜜主要是以花蜜酿成的，蜜味芳香，质地优良。花内蜜腺在花中的位置，因植物种类而异，多位于子房、雄蕊、雌蕊、花萼、花瓣基部或花盘上，也有在花的其他部位的（表5-2）。

表5-2　一些常见蜜粉源植物花蜜腺位置

蜜腺特征及分布位置	代表性植物名称
花被基部	荞麦、水蓼等
花萼基部或花萼上	椴树、陆地棉、马利筋等
花瓣内侧基部	毛蕊花等
距内	凤仙花、旱金莲等
花萼或花冠与雄蕊之间	荔枝、龙眼、柳穿鱼、天竺葵等
蜜腺隆起，常位于雄蕊上或雄蕊基部	油菜、野桂花、山茶、升麻等
雄蕊与子房之间的花盘	枣花、桃、李、樱桃、盐肤木、柽柳等
子房基部	紫云英、刺槐、野坝子、荆条、泡桐等

（续表）

蜜腺特征及分布位置	代表性植物名称
花管内周	沙枣、向日葵等
子房顶端、花柱基部	南瓜、鹅掌柴、枇杷、苹果等
柱头下面的环上	马齿苋等
子房的中隔内	某些单子叶植物（如唐菖蒲、水仙属等）
花的苞片上	陆地棉、海岛棉等
花柄上	豇豆等
花序轴上	乌桕、山乌桕等
花序上	忍冬科的陆英

（2）花外蜜腺

花外蜜腺是指分布在幼茎或叶（叶片、叶柄或托叶）等营养器官上的蜜腺。花外蜜腺见于各种植物中，在双子叶植物中较为常见。花外蜜腺的分泌物为露蜜，对蜜蜂生活和养蜂生产也有重要价值。花外蜜腺主要分布于植物的地上营养器官，如棉花的叶上。

下表是一些常见植物花外蜜腺的分布位置（表5-3）。

表5-3　一些植物花外蜜腺常见位置

常见植物名称	蜜腺的位置
棉花等	叶脉
臭椿、桃等	叶缘
乌桕、橡胶树等	叶柄
蚕豆、西番莲等	托叶

4. 蜜腺的泌蜜方式

蜜腺的泌蜜方式多种多样，这些不同方式与产生分泌细胞的组织类型有关。当分泌细胞为薄壁细胞时，分泌物质先到细胞间隙，从细胞间隙流到表皮层的气孔，由表皮开放的气孔泌出。当分泌细胞是由表皮细胞发育，若其外无角质层时，分泌物质是通过细胞直接扩散到外围环境中，若表皮细胞外具有角质层，分泌物质由扩散通过细胞壁，由于角质层的破裂而泌出。

一般认为，植物蜜腺的泌蜜方式主要是渗透型和胞吐型两大类。前者泌蜜组织细胞内通常贮有大量的淀粉粒，在泌蜜期通过水解作用，将淀粉转化

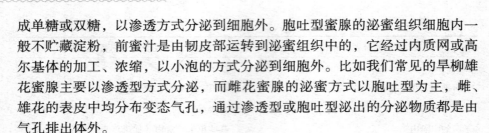

成单糖或双糖，以渗透方式分泌到细胞外。胞吐型蜜腺的泌蜜组织细胞内一般不贮藏淀粉，前蜜汁是由韧皮部运转到泌蜜组织中的，它经过内质网或高尔基体的加工、浓缩，以小泡的方式分泌到细胞外。比如我们常见的旱柳雄花蜜腺主要以渗透型方式分泌，而雌花蜜腺的泌蜜方式以胞吐型为主，雌、雄花的表皮中均分布变态气孔，通过渗透型或胞吐型泌出的分泌物质都是由气孔排出体外。

二、花蜜

1. 花蜜的组成

花蜜中的成分主要是蔗糖、葡萄糖和果糖。此外，在许多植物的花蜜中还有少量的低聚糖、麦芽糖和棉籽糖，以及黏质、氨基酸、蛋白质、有机酸、维生素、矿物质和酶等。通常，可根据分析结果将花蜜分成3种类型：①蔗糖占优势的花蜜；②含有蔗糖、葡萄糖和果糖大约等量的花蜜；③葡萄糖和果糖占优势的花蜜。蔗糖占优势的花蜜与有长管状花有关联，花蜜在其中受到保护，如三叶草类的花。而展开的花朵，如十字花科植物的无保护花蜜，一般只含有葡萄糖和果糖。花蜜的糖平衡可能影响蜜蜂喜爱一个植物种而不喜爱另一个种。例如，蜜蜂对采集葡萄糖、果糖、蔗糖比率相同的草木樨比采集含有蔗糖占优势的苜蓿、杂三叶草或红三叶草更积极。

2. 花蜜的形成

花蜜是由花蜜腺分泌得来的产物，也是植物回报访花昆虫的主要回报物之一。植物光合作用合成的各种有机物质，是其自身进行生长、发育和各种生理代谢活动的物质基础，用以建造营养器官和生殖器官以及生命活动过程的消耗，剩余的部分积累并贮藏于器官中的薄壁组织。蜜粉源植物开花时，少部分贮藏物以花蜜的物质形式通过蜜腺分泌于体外。因此，花蜜是一定时期的光合作用产物。研究表明，花蜜里的糖可能大部分来自接近花朵的叶片。在草本植物里花蜜中的糖很可能是新产生的；而乔本和灌木里花蜜中的糖则可能来自于贮存的糖类。

花蜜来源主要有两种途径。一种是由韧皮部运输至蜜腺的前蜜汁，经泌蜜组织细胞加工后分泌出表皮之外，但韧皮部运输来的碳水化合物亦可先以淀粉的方式储藏起来，在开花前再水解泌出，花蜜的前物质主要来源于此，这个可塑性物质通过维管束进入蜜腺，在三磷酸腺苷酶、二磷酸核苷酶及葡萄糖-6-磷酸酶的作用下转化为花蜜。此种蜜腺一般分泌量较大，但分泌时间较短。另一种蜜腺本身含有叶绿体，可自身合成碳水化合物，并以淀粉粒的方式贮存起来，该种蜜腺内一般没有维管组织，且它们的蜜汁分泌量较大，因而其前蜜汁应主要来自维管组织的韧皮部汁液，但由于蜜腺泌蜜组织中在开花前也贮存了相当数量的淀粉，并且在开花后，淀粉数量逐渐减少，因而这些淀粉也可能在一定程度上参与了蜜汁的合成。但研究发现，有时盛花期和败花期的雌、雄性功能花花蜜腺的泌蜜组织中仍含有少量淀粉，说明淀粉粒水解是缓慢和渐进的，因而淀粉参与形成蜜汁的量十分有限，但其形成的蜜汁分泌时间却可能相对较长。

3. 花蜜中糖的输送与分配

糖是通过植物的韧皮部进行输送的。它以一种溶液状态移动，其浓度随着种类和环境条件不同而有差异，但一般为 5% ~ 20% 。水分则是通过木质部由根部向上移动。植物生理学家普遍地对糖分的转移所持的理论是，使汁液通过木质部移动的驱使动力，是由于含有较高糖浓度的区域（合成区域）和对糖分的利用而使其浓度降低的区域之间的不同压力所造成的。前者的区域被称为"源头"，而后者则被称为"渗井"。

植物体内糖类的分配和运输方向，一般是由制造器官和贮藏器官或组织向新生的幼嫩的器官、组织和生长旺盛及生理代谢活动旺盛的器官或组织运送。当糖分从合成部分移动时，沿途的组织的生长可能形成渗井而有与蜜腺竞争的现象。

此外，植物体内营养物质有"就近"分配和运输的特性。当植物开花、结果时，邻近叶片将其同化物质供应于开花和结果的需要，远离叶片的花果所得到的同化物质相对较少。因此，花蜜中新产生的糖类物质可能大部分自花朵邻近的叶片运输而来。

4. 花蜜的分泌

花蜜分泌是蜜粉源植物的生理功能之一。和其他分泌过程一样，花蜜的分泌是一种"主动的"生理过程，即它需要使用从呼吸中所获得的能量。有迹象表明，分泌旺盛的蜜腺有高度的氧利用率，这和它们的细胞中含有高浓度的线粒体是一致的。Brown 等人曾用有抑制酶作用的化学品处理蜜腺时，其分泌作用便停止。这说明了泌蜜过程有酶类的存在，花蜜分泌量与酶类的活动密切相关。

　　一朵花所产生的花蜜分泌量，不但要靠蜜腺分泌的"主动"生理过程，而且要靠植物光合作用在体内积累充足的碳水化合物，以及糖类的运输和正常的呼吸作用等，以供给必要的物质和能量。

　　人们通过对影响开花泌蜜的因素研究发现，植物各器官的形态构造，生长发育及生理代谢活动是相互联系和相互影响的，生殖器官所需要的营养物质是由营养器官供应，它的形成和发育是建筑在营养器官良好生长的基础上。植物的开花泌蜜既受光照条件、温度、水分、大气湿度、风和土壤等生态因子的影响，又受植物本身的生物学特性、树龄、长势、花的位置及花序类型、花的性别、蜜腺、大小年、授粉与受精等作用的影响。据研究，油菜花授粉后 18～24 小时完成受精作用，花蜜停止分泌。Pankiw 等报道，紫苜蓿的小花被蜂类打开后，花蜜停止积累。黄瓜经过授粉后 6～16 小时完成受精作用，同时花蜜分泌也停止。Kropacova 等对红三叶草、白三叶草和驴食草等的研究发现，在花蜜开始聚集前的 24 小时内，植物所受的光照强度与花蜜产量之间有密切关系。

　　据 Shuel 报道，在温室内其他生态条件保持相当稳定的情况下，不同的光照强度使三叶草花蜜产量的差异高达 300%。据研究，许多蜜粉源植物的泌蜜量大小与昼夜温差有密切关系。在一定温度范围内，昼夜温差越大，泌蜜量越大.

　　然而，蜜粉源植物种类繁多，其生态适应性各异，各有其特殊性.并非所有蜜粉源植物的泌蜜量都与昼夜温差有显著关系。据 Shuel 报道的红三叶草和 Kropacova 与 Haslachova 报道的驴食草，它们的泌蜜量大小与昼夜温差无关。

　　Butler 等报道，棉花在一天当中所分泌的花蜜量随着相对湿度的降低而减少。Shuel 发现钾和磷对金鱼草和红三叶草在花蜜生产、生长和开花等方面有重要作用，红三叶草对这两种元素的需要比金鱼草多，高钾低磷或低钾高磷都会使花蜜生产和分泌降低，这两种元素适当平衡才能使花蜜生产和分泌最好。硼能促进花芽分化和成花数量，提高花粉的生产力，提高输导系统的功能，刺激蜜腺分泌花蜜，提高花蜜浓度等。Holmes 报道，对缺硼的土壤施硼，提高了红三叶草和草莓对蜜蜂的吸引力；Smith 等发现对白三叶草施硼时，花蜜的含糖浓度略有提高，而果糖的含量与葡萄糖和蔗糖相比则显著提高。

　　试验发现，剪去植物叶片或环剥茎枝韧皮部可使运往花器官的糖分减少，从而使花蜜减少。Shuel 发现，若在植株基部的茎处切断韧皮部，则花蜜产量可增加33%。这可能是由于向下运输的道路被切断,光合作用产生的碳水化合物无法运输到根部,使植株上部的养分积累增加,从而使花蜜糖量增加。

通过研究人们发现,供应蜜腺的输导系统在解剖学上随着种类的不同而有差异。它可能大部分由韧皮部(导糖组织),或大部分由木质部(导水组织),或由两部分组织或多或少相等所组成。Agthe 认为,韧皮部和木质部的比率似乎是决定花蜜含糖浓度的因素,韧皮部比率高时花蜜的糖浓度就高。

对三叶草的研究发现,每朵花的泌蜜量与其花序梗的功能韧皮部的横切面积直接有关。认为单位花梗横切面积上韧皮部所占的比例越大,蜜糖就越多,并发现油菜花蜜含糖量早晨低,下午快速增高。C. Halmgyi 指出,花蜜分泌取决于花的大小及结构,也取决蜜腺的位置及结构。花生长阶段也很重要。ARdavis 发现每朵花的泌蜜量及含糖量与花的体积有关系,花蜜浓度的提高与开花的不同阶段及水分蒸发有关。J L Osborne 等发现,新开花与老花比正在盛开的花含糖量低,花龄对花蜜含糖量及泌蜜量有明显的影响,每朵花花蜜浓度和泌蜜量与花龄的关系同花蜜浓度、泌蜜量与每朵花含糖量的关系是相似的。Satpal Singh Thakur 等通过对巴旦杏试验发现,早熟种 2 日龄花的花蜜分泌量最大,晚熟种则是 3 日龄花的花蜜量最大,而花蜜浓度则是3 日龄花最高。Catherine S Williams 则认为,花蜜分泌率与花龄密切相关,伐塞利阿花开 4 ~ 7 小时具有较高的花蜜分泌率。花的花蜜分泌率取决于环境条件,如周围温度、有关的辐射及植物本身的基因型。J Pierre 认为,花蜜分泌与气候条件、每日具体时间、花朵在植物上的位置、花朵形状及昆虫的采访等因素有关。

5. 植物花蜜的数量与浓度

花蜜的数量决定于植物种类、蜜腺结构、前蜜来源、营养水平、呼吸强度、代谢速度、酶的活性、花朵性别和日龄、蜜腺大小等。同一植株的花,先开的蜜多,后开的蜜少;主枝的蜜多,侧枝的蜜少。其主要原因是受营养状况和蜜腺大小的影响。据 Frewyssling 等 1951 年测定,花蜜前物质来源于韧皮部的泌蜜多,浓度高,而来源于木质部的则量少而稀。

花蜜浓度的高低,受内在因素和外在因素的制约。内在因素包括蜜粉源植物种类的生物学特性、开花习性、蜜腺分泌组织与热导组织、输导组织相联系状况、树龄和长势等。外在因素年包括植物开花前和开花期间的光照条件、开花泌蜜期间的气温、大气湿度、土壤含水量、风力大小和风的性质等。如黄瓜花的含糖量在正常情况下为 65.4%，但空气湿度饱和时仅为 38.4%；椴树的花蜜浓度在空气湿度饱和时仅为 22%，但空气湿度为 51% 时，其糖度可高达 72%。通常情况下，蜜蜂喜欢采食含糖量较高的花蜜，当花蜜含糖量低于 8% 以下时，蜜蜂不去采集或采集的积极性不高。花蜜含糖量在 8% 以上时，蜜蜂才开始去采集。若外界蜜粉源丰富，蜜蜂往往要等到含糖量达 15% 以上才去采集。这种现象在南方的主要蜜源——荔枝上表现尤为突出，在空气湿度很大的时候，花蜜虽多若欲滴，但蜂不采蜜，直至花蜜蒸发变浓，才有蜜蜂"光顾"。

三、露蜜

露蜜是植物花外蜜腺分泌的甜汁，因其蜜珠如露，甘甜如蜜，故暂取名露蜜。此名也便于和虫蜜（甘露蜜）相区别。

我国以露蜜酿成的蜂蜜，主要有棉花蜜和橡胶树蜜。这两种蜜源植物面积大，分布广，泌蜜多，蜜质较好，生产潜力很大。在秋末冬初时节，我国南方的马尾松、北方的油松和黄菠萝的叶部，在干旱温高、昼夜温差大的年份，能分泌大量的露蜜。这类蜜颜色深，灰分大，极易结晶，蜜蜂吃了，平时能中毒致死，越冬能全群覆灭。如有发现要断然迁场，或采后及时换以好蜜或糖，防患于未然。

四、花粉

花粉是有花植物的雄配子，产生于花药中。它是蜜蜂食物的蛋白质、脂肪和矿物质的主要来源，同时也可以被广泛地用于人类的营养保健食品中。

大多数花粉成熟时分散，成为单粒花粉。但也有两粒以上花粉黏合在一起的，称为复合花粉粒。许多花粉结合在一起，在一个药室中至少有两块以上的，称为花粉小块。在一个或几个药室中全部花粉粒粘合在一起的，称为花粉块。花粉小块和花粉块主要见于兰科和萝藦科植物。

花粉粒在四分体中朝内的部分，称为近极面。朝外的部分称为远极面。连接花粉近极面中心点与远极面中心的假想中的一条线，称为极轴，与极轴成直角相交的一条线称为赤道轴，沿花粉两极之间表面的中线为赤道。在有极性的花粉中，可以分为等极的、亚等极的和异极的 3 个类型。花粉通常是对称的，有两种不同的对称性：辐射对称和左右对称。

花粉的形状、颜色和大小常因植物种类不同而有很大差异。主要形状有超长球形、长球形、近球形、超扁球形；极轴与赤道轴相等或相差很少时，可称为球形或圆球形。大多数花粉的颜色为黄色，如油菜；有的为淡黄色，如玉米；有的为红色，如龙牙草；有的为橘红色，如紫云英；有的为紫黑色，如蚕豆；有的为灰绿色，如荆条。花粉粒的大小一般为 30～50 微米，如南瓜的花粉为 147 微米。花粉的成分因花种不同而异，一般含有水分 3%～16%，蛋白质 13%～28%，脂肪 1%～17%，还有糖类、淀粉、氨基酸、脂肪酸等。此外，还含有多种维生素，其中以 B 族维生素含量最多。灰分含量为 1%～7%，纤维素含量为 25%～50%，灰分中还含有钙、镁、硅、氮、磷等化学元素。

第三节　影响花蜜分泌的主要因素

农业生产的实践说明，植物经常处于各种内在条件（如遗传因素、营养状况等）和外界条件（含气候因素、生存环境等）的影响之下。这些条件既影响着植物的生存与生长，也影响着植物分泌物的分泌。其中，植物花蜜的分泌就同时受到植物内在因素与外界条件的影响。

一、影响植物泌蜜的内在因素

1. 遗传基因
遗传性对花蜜分泌的影响可能是由于对光合作用的限制、糖的输导系统的容量、蜜腺的大小，以及蜜腺酶补体的不同等。研究表明，每种蜜源植物花蜜的形成、分泌、蜜量、成分和色泽等都受亲代遗传基因的制约。例如，大叶桉的泌蜜量为 76 毫克，向日葵的则只有 0.2 毫克；据研究，野生蜜粉源植物的泌蜜量和花蜜成分变化不大；而栽培的蜜粉源植物不仅有种间差异，而且有品种间的差异。所以，各种植物的泌蜜量大小、泌蜜时间长短和花蜜浓度是不同的。

2. 树龄
多数木本蜜粉源植物要生长到一定年龄才能开花。处于不同年龄阶段的同一种植物，在开花数量、开花迟早、花期长短和泌蜜量大小等方面都有差别。在相同的生态条件下，通常是幼树和老龄树先开花，但花朵数量较少，花朵开放参差不齐，泌蜜较少。中壮年树开花期稍迟，但花朵数量多，泌蜜多，开花整齐。

3. 营养水平

蜜源植物的开花量、泌蜜量和泌蜜强度受营养状况的影响。如果植株长势不好，即营养水平低，会导致植物的花芽分化减少，有时甚至会对已形成的花芽因营养不良而黄化或蜕变；同时，长势不好的植株所产生的花蕾易受冻害，大量落蕾，泌蜜少，蜜期短。反之，如果植物营养水平高，则体内可溶性糖含量高，不仅泌蜜多，而且在自然条件较差的情况下，也可正常泌蜜。

另有研究表明，蜜源植物的开花数量不仅取决于营养成分的总和，而且也取决于它们的比率，如碳氮比（C/N）学说，就是以营养生理为基础提出的。C/N 比率大，是花芽分化和开花多的重要因子之一。

总之，同一种植物在同等气候条件下，营养水平高、生长健壮的植株，花多、蜜多，单株花期长。反之，若长势差，则花少、蜜少、单株花期短。

4. 花的位置和花序类型

同一植株上的花，由于生长部位不同，其泌蜜量有很大差异。通常花序下部的花比上部的蜜多；主枝的花比侧枝的花蜜多。这与植物的营养供给条件有关。

无限花序类中长序轴的开花顺序是自下而上，着生于花序中部的花，花朵和蜜腺大，泌蜜多；而花序两端和枝梢的花，则花小蜜少。如油菜、枸杞等，中部的花朵泌蜜量多，最顶部的花朵泌蜜量最少。无限花序类中短序轴的开花顺序是由外周向中心开放，如向日葵等，花絮周围的花先开放，泌蜜少，里面的花稍迟开放，泌蜜量多，最中心的花最迟开放，泌蜜最少。

有限花序类植物的开花顺序是上部或中心的花先开放，最下部或外围的花最迟开放。最早和最迟开放的花朵泌蜜量小，中间开放的花朵泌蜜量多。

5. 花的性别

单性花中雌雄同株的植物，由于花朵性别不同，泌蜜量可能有差别。蜜源植物的泌蜜量，一般是雌花多，雄花少。例如，葫芦科中的黄瓜雌花泌蜜比雄花多；香蕉雄花的泌蜜比雌花多。但也有例外，如芭蕉雄花泌蜜比雌花多 4 倍以上。

6. 大小年

许多木本植物，如椴树、荔枝、龙眼、乌桕等都有明显的大小年现象。在正常情况下，当年开花多，结果多。由于植物体内营养消耗多，造成第二年开花少，泌蜜量少，这也是植物为了适应自然，通过自体调节来控制其开花和泌蜜的。

7. 蜜腺

蜜腺大小不同，造成泌蜜量的差异。如油菜花有 2 对深绿色的蜜腺，其中 1 对蜜腺较大，泌蜜最多，另 1 对小蜜腺泌蜜较少；荔枝和龙眼的蜜腺比无患子发达，泌蜜量也比无患子大。

8. 授粉与受精作用

当植物雌蕊授粉受精以后，由于生理代谢活动发生改变，多数蜜粉源植物花蜜的分泌也随之停止。例如，油菜花授粉后 18 ~ 24 小时完成受精，花蜜停止分泌。紫苜蓿的小花被蜂类打开后，花蜜就停止积累。

二、影响花蜜分泌的外界因素

1. 光照

光是绿色植物进行光合作用和制造养分的基本条件。在一定范围内，植物的光合作用随着光照强度的增强而增强。充足的光照条件是促成植物体内糖分形成、积累、转化和分泌花蜜的重要因素。同时，营养物质的输导速度在一定范围内随光照强度增强而增强，反之则减弱。光直接影响光合作用过程，在植物开花期，如晴天多，植物体内有机物质合成多，并有利于向花部运输。因此，充足的阳光可增强植株本身的生理机能，改善机体有机营养，使枝叶生长健壮，花芽分化良好，有利于花芽形成。如果光照不足，同化量少，已形成的花芽也可能变为叶芽或早期死亡。光质、光强和日照时间的变化，能使植物的生长发育、生理功能、形态结构和花蜜分泌等发生深刻变化。

通常而言，在同等条件下，适当稀播或稀植的植株泌蜜较密植的多；生长在阳坡的蜜源植物比阴坡的泌蜜多；林缘的比林内的泌蜜多。东北的椴树，新疆的棉花和杂草蜜源，由于日照时间长，泌蜜多。

研究还发现，在蜜源植物开花泌蜜季节，泌蜜量从早晨至中午随光强增强而增加，中午达到最高峰。以后因强光和高温使叶片强烈失水，气孔关闭，光合强度下降，泌蜜随之减少，蜜蜂也跟着"午休"。到了下午，随光强减弱，气温缓降，植物生理功能恢复，泌蜜又出现第二高峰。因而一天中泌蜜强度的变化，常为双高峰曲线。在我国西北和西南地区的荞麦花期，常因午后光强温高而无蜜，促成半天流蜜。

研究还表明，在温室里其他条件都保持相当稳定的情况下，不同的光照量使红三叶草花蜜产量的差异高达300%之多。在温带地区蜜粉源植物开花期，光照的强度和长短影响草本蜜粉源植物花蜜的产量；而对乔木和灌木而言，由于其花蜜可能来自于贮存的物质，因此，前一个生长季节所接受的光照量会影响本季花蜜的产量。

2. 气温

生物的一切生命活动，都是在一定温度条件下进行的，如光合作用、呼吸作用、蒸腾作用、酶的活性、叶绿素的合成、细胞的分裂、花蜜的形成和分泌等，都是在适宜的温度条件下进行的。在适宜的温度范围内，蜜源植物随温度升高，细胞膜透性增强，植物对生长所必需的水分、二氧化碳和无机盐的吸收能力就会增强；蒸腾作用加速，光合作用提高，酶的活性增强，这样，植物就会在体内加速糖类的制造、运输和积累，有利于开花和泌蜜。但并不是温度越高越好，一旦气温超越了蜜源植物生物学温度，将引起植物生理功能障碍，不利于植物的生长发育和开花泌蜜。这是因为高温可使叶绿体和细胞质受到破坏，酶的活性钝化，呼吸作用和光合作用失去平衡，根系早熟、老化，影响水分和无机盐类吸收，泌蜜减少或干涸，花期缩短。当温度低于蜜源植物的生物学温度时，酶促反应下降，光合作用和呼吸作用缓慢，根细胞原生质胶体黏性增强，细胞膜透性减弱，阻滞水分和矿质盐类吸收，使根压减弱，正常代谢过程不能顺利进行。低温还影响有机物质的运输速率。当植物处于20~30℃条件下，有机物质的运输速率每小时可达20~30厘米；如降温到1~4℃，运输速率则下降到每小时1~3厘米，对一切代谢过程影响甚大。因此在蜜源植物花期骤然降温，常使泌蜜中断。

蜜粉源植物对温度的要求可分为3种类型：高温型、低温型和中温型。高温型25~35℃，如棉花、老瓜头等；低温型10~22℃，如野坝子、柳树等；中温型20~25℃，如椴树、油菜等。多数蜜粉源植物泌蜜需要闷热而潮湿的天气条件。在适宜的范围内，高温有利于糖的形成，低温有利于糖的积累。因此，在昼夜温差较大的情况下，有利于花蜜的分泌。

秋季突然变冷，冬季融冻，春季的倒春寒或不正常的晚霜等气温变化，对蜜源植物的生长和泌蜜影响甚大。如在植物开花前期，天气突然变冷，会使植株的幼枝受冻，造成植物泌蜜减少，如1952年山东青岛地区11月中旬天气尚暖，下旬突然变冷，刺槐幼枝受冻，造成次年蜂蜜大减产；1977年1月30日受中路寒潮侵袭，湖北的乌桕和云南的桉树受到冻害，直到1979年泌蜜才恢复正常。倒春寒或春季气温失常，常使刺槐先叶后花，不正常的晚霜，常使东北林区的椴树花蕾受冻害，造成有花而无蜜。

3. 水分

水是植物体的重要组成部分，是植物生长发育和开花泌蜜的重要条件。水分在植物摄取营养、维持细胞膨胀压力等方面起着重要作用。而各种蜜源植物需水临界期，大部在营养生长转入生殖生长阶段。此时植物正处于生长旺盛、叶面积较大和生殖器官发育时期，需水量较大。因此，水分是影响蜜源植物泌蜜的又一个重要因素。常有"花前雨量看长势，花期雨量定收成"的说法。雨季来的迟早，降水多少，对各地蜜源植物影响不同。雨季来的迟，对采集东南沿海的荔枝、龙眼和长江中下游的油菜有利；而对西南地区的野坝子生长不利。

秋季雨水充足，使得木本蜜粉源植物在营养生长阶段生长旺盛，贮存大量养分，有利于来年泌蜜；春季下场透雨，有利于草本蜜粉源植物的花芽分化和形成，花期泌蜜量大。北方冬季下大雪，有利于保护多年生植物的根系免受冻害或大风的影响。

降水量可影响空气湿度和土壤湿度。大气湿度高时，叶面蒸腾作用受阻，植物体内积蓄水分相应增加，因而泌蜜虽多，但含糖量相对降低。在阴天大气湿度可达100%，而晴天有时只有30%以下，而适合于花蜜分泌的空气湿度一般是60%~80%。

但是，蜜源植物泌蜜对湿度的要求，也常因蜜腺类型而异。蜜腺暴露型的，如枣树和荞麦泌蜜需较高的湿度，在常温下湿度越高，泌蜜越多；其泌蜜特点是泌蜜量自早晨以后逐渐减少，到晚上又开始增加；而在阴天和空气湿度较高的情况下，其泌蜜量自早晨起一直上升，晚间开始下降。而对于蜜腺隐蔽型的植物，在空气湿度较低时，也能正常泌蜜。其泌蜜特点是泌蜜量自早晨起一直下降，晚间又开始上升，如紫云英、风毛菊等。

各种蜜源植物需水临界期，大部在营养生长转入生殖生长阶段。此时植物正处于生长旺盛、叶面积较大和生殖器官发育时期，需水量较大。如向日葵花盘形成至灌浆期，油菜抽薹至开花期需水最多，如天旱缺水，对将来开花泌蜜产生不良影响。花期干旱，常使某种蜜源植物花蜜中生物碱浓度增加，对蜜蜂产生毒害作用。如枣花期的"五月病"，百里香花期的"闷蜂"，均是由干旱引起的。干旱还能引起落蕾，花期缩短，特别在植物体营养水平较低的情况下尤甚。

主要蜜源植物花期每隔6~7天下场小雨，有利于泌蜜。1天中，上午或中午下雨，雨水灌花，花蜜被冲，花粉膨胀，对当天生产有影响。夜间下雨次日晴天，有利于泌蜜，所以，有"晚上下雨白天晴，收的蜂蜜没处盛"的蜂谚。北方冬季雪大，能保护多年生蜜源植物的根系免受冻害和大风摇撼的影响，也利于防春旱，保证植物苗壮生长。因此，北方冬季降水多少，可作为预测蜜源植物长势好坏和泌蜜多少的依据之一。

一般陆生蜜源植物，当土壤水分过多，或积水时，生长很快停止，叶片萎蔫、枯黄以至脱落，根系变黑腐烂，泌蜜减少或停止。刺槐积水日久没蜜，紫云英翻前灌水泌蜜减少，以至停止。

4. 风

风是影响泌蜜的气候因子之一，对植物的开花、泌蜜有直接或间接的影响。风力强大会引起花枝撞击而损害花朵，造成对蜜源植物的机械损害，同时，大风还能对蜜源植物造成生理危害，主要是影响植物的蒸腾作用、光合作用和细胞膜通透性等。干燥冷风或热风会使蒸腾加剧，叶片含水减少，根系活动降低，导致植株水分平衡失调，光合作用受阻；细胞膜发生变相，由液晶相变为固相，膜的透性受损害，造成细胞内电解质外渗；筛管原生质解体产生脐服，堵塞筛孔，影响有机质输送。在多风、干燥和高温条件下，还能将细胞原生质分解，使植物体内积累有毒物质，如氨，并最终导致蜜腺泌蜜停止，已分泌的花蜜容易干涸等；湿润暖和的微风有利于开花泌蜜。风会改变环境的气温、空气湿度、土壤水分蒸发量大小等，并通过这些生态因子的变化而间接地影响植物的开花、泌蜜。

5. 土壤

土壤是蜜源植物固本生根的基地，土壤性质不同，对于植物花蜜分泌影响也不同。植物生长在土质肥沃、疏松，土壤水分和温度适宜的条件下，长势强，泌蜜多；不同的植物对于土壤的酸碱度的反应和要求也不同。如野桂花、茶树等要求土壤的 pH 值在 6.7 以上才能良好生长和正常开花泌蜜，而柽柳等则要求土壤的 pH 值在 7.5～8.5 才能良好生长和正常开花泌蜜。多数农作物、果树蜜源适宜在 pH 值在 6.7～7.5 的土壤中生长。此外，土壤中的矿物质含量对植物开花泌蜜影响较大。例如，施用适量的钾肥和磷肥，能改善植物的生长发育，促进泌蜜。钾和磷对金鱼草和红三叶草的生长和开花及花蜜的产生等方面有重要作用，这两种元素适当平衡才能使花蜜分泌最好。硼能促进花芽分化和成花数量，提高花粉的生活力，提高输导系统的功能，刺激蜜腺分泌花蜜，提高花蜜浓度等。

6. 病虫害

蜜源植物和其他生物一样，有时患病和受虫害。在病虫害大发生的年份能给养蜂生产带来巨大的经济损失。因此，在选择蜜源场地时，要调查其长势和健康状况。定地饲养的蜂场，如遇蜜源植物受灾时，应及早转地，避灾争丰收。在防治蜜源植物病虫害时，注意防止蜜蜂农药中毒。

第六章

我国蜜粉源植物的
种类与分布

　　我国土地辽阔，从南向北跨越了热带、亚热带、暖温带、中温带及寒温带5个气候带。黑龙江省北部和内蒙古自治区东北部的漠河等地处寒温带；东北三省、内蒙古自治区大部和新疆维吾尔自治区北部属中温带；山东全省和陕西、山西、河北等省的大部及新疆维吾尔自治区南部为暖温带；秦岭——淮河以南的绝大部分地区均处亚热带；海南、台湾及广东等省的南部为热带。面积宽广的青藏高原，因地势、地形的影响，自然景观、农牧业生产与上述5个温度带存在明显差异。

　　受季风气候影响和因离海洋远近的差异，湿润、半湿润、半干旱与干旱4类地区在中国并存。东北三省的东部及秦岭、淮河以南各省、自治区、直辖市都属于湿润地区，年降水在800毫米以上；东北平原、华北平原、青藏高原东南部属半湿润地区，年降水400毫米以上；内蒙古高原、黄土高原与青藏高原的大部为半干旱地区，年降水400毫米以下；新疆、内蒙古西部、青藏高原东北部为干旱地区，年降水200毫米以下。

　　复杂的地形和气候，形成了不同类型的自然植被和人工植被。东北的大、小兴安岭和长白山区有茂密的森林。西南则有"北回归带上的明珠"著称的西双版纳热带雨林。在东海之滨和南海岛屿，无数热带、亚热带的珍贵植物群落交相辉映。中部的黄河与长江中下游流域平原，各种农作物更是绿叶繁花，常年不断，四季飘香，即使是在干旱与半干旱地区的"大西北"高原、盆地、沙漠、戈壁等各类地貌上，也分布着各种生态环境下的植物群落。

　　通常情况下，根据植物泌蜜量的多少和利用程度的高低，可将蜜源植物分为主要蜜源植物、辅助蜜源植物和有毒蜜源植物。

　　主要蜜源植物是指数量多、面积大、花期长、泌蜜量大的植物，包括栽培植物和野生植物，也指在养蜂生产中能采到大量商品蜜的植物。而辅助蜜源植物是指具有一定数量，能够分泌花蜜、产生花粉，能被蜜蜂采集利用，提供蜜蜂本身维持生活和繁殖之用的植物。也有一些植物，其所产生的花蜜、蜜露或花粉，能使人或蜜蜂出现中毒症状，这些植物称为有毒蜜源植物。

　　由于我国幅员辽阔，植物种类多样。因此，本章将重点介绍一些在我国养蜂生产中具有重要经济价值的主要蜜粉源植物及在养蜂生产中具有重要意义的辅助蜜粉源植物。同时，对一些有毒蜜源植物也做一简单介绍。

第一节　我国主要蜜粉源植物的种类与分布

一、油菜

1. 植物形态

　　别名芸苔、寒菜、胡菜、苦菜、苔芥、青菜，十字花科芸薹属植物。油菜为一年或二年生草本，茎直立，分枝较少，株高 30～150 厘米。叶互生，分基生叶和茎生叶两种。基生叶不发达，匍匐生长，椭圆形，长 10～20 厘米，有叶柄，大头羽状分裂，顶生裂片圆形或卵形，侧生琴状裂片 5 对，密被刺毛，有蜡粉。茎生叶和分枝叶无叶柄，下部茎生叶羽状半裂，基部扩展且抱茎，两面有硬毛和缘毛；上部茎生叶提琴形或披针形，基部心形，抱茎，两侧有垂耳，全缘或有枝状细齿。总状无限花序，着生于主茎或分枝顶端。花黄色，花瓣 4 枚，为典型的十字型。雄蕊 6 枚，为 4 强雄蕊（图 6-1A）。油菜花粉为黄色，花粉粒长球形，赤道面观圆形或椭圆形，极面观为 3 裂片状，具 3 孔沟，沟细，长至极端，内孔不明显。外壁表面具明显的网状雕纹，网孔略近圆形，间或不规则多边形（图 6-1B）。

2. 生长特性及分布

　　我国油菜分为冬油菜（9 月底种植，5 月底收获）和春油菜（4 月底种植，9 月底收获）两大产区。其中，冬油菜面积和产量均占 90% 以上，主要集中在长江流域；而春油菜则主要集中在我国的东北和西北地区，尤以内蒙古的海拉尔地区最为集中。总体说来，我国的油菜分布遍及全国，北至黑龙江，南至广东与海南岛，东至滨海山丘平原，西至青藏高原和天山南北，全国各个省、市、自治区都有油菜生产，栽培面积约为 705 万公顷。油菜因其花期较长，蜜粉丰富，蜜蜂喜欢采集而成为我国南方冬春季和北方夏季的最主要的蜜源植物之一。

 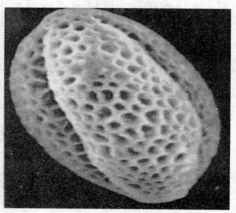

图 6－1A　油菜　　　　　　　　　图 6－1B　　油菜花粉赤道面观
（罗术东 摄）　　　　　　　　　（引自《中国蜜粉源植物》）

3. 开花与泌蜜特性

我国油菜开花期因品种、栽培期、栽培方式及气候条件等不同而异。在我国，油菜栽培品种有甘蓝型（如湘农油571、湘杂油6号、渝黄1号和甘油5号等）、白菜型（俗称小油菜、矮油菜、甜油菜和花油菜等，如胜利油菜）和芥菜型（如俗称大油菜、高油菜、苦油菜和辣油菜等）。一般而言，在同一地开花先后依次为白菜型、芥菜型、甘蓝型，白菜型比甘蓝型早开花15～30天。同一类型中的早、中、晚熟品种花期相差3～5天。白菜型的始花期，华南秋播油菜区早的11～12月，一般1～2月；黄淮、关中秋播油菜区4～5月；渭北、晋中、海河春播和春夏播兼种油菜区5～6月；长城沿线、松辽平原春夏复种油菜区5～6月；兴安岭、内蒙古北部高原春播油菜区6～7月；蒙、新春夏复种、夏播兼种油菜区5月中旬至6月中旬；青藏高原春播油菜6～7月。同时，油菜花期也因分布和海拔高度不同而有很大的变化。在甘肃境内海拔1 600米的河谷地带盛花为6月，青海境内海拔1 800～2 300米的湟水流域盛花为7月，海拔3 100米的青海湖畔盛花为8月。

油菜的适应性强，喜土层深厚、土质肥沃而湿润的土壤。油菜花在肥沃湿润的土壤中泌蜜较好，在干燥或贫瘠的土壤中泌蜜较差。它开花泌蜜适宜的相对湿度为 70% ~80%，泌蜜适温为 18 ~25℃，一天中 7:00 ~12:00 开花数量最多，能占当天开花数的 75% ~80%，油菜的群体花期一般为 30 ~40 天，主要泌蜜期 25 ~30 天，每群蜂产蜜量可达 10 ~30 千克或更多。花期由南至北推迟，最早 12 月，最晚次年 7 月。花期蜜、粉丰富。

二、刺槐

1. 植物形态

别名洋槐，蝶形花科刺槐属的落叶乔木。刺槐为落叶乔木，高 12 ~25米。树皮灰黑褐色，纵裂；叶互生，枝具托叶性针刺，小枝灰褐色，无毛或幼时具微柔毛。奇数羽状复叶，小叶 7 ~25 枚，呈椭圆形、矩圆形或卵形，长 2.5 ~5 厘米，宽 1.5 ~3 厘米，基部广楔形或近圆形，先端圆或微凹，具小刺尖，全缘，表面绿色，被微柔毛，背面灰绿色被短毛。总状花序腋生，比叶短，花序轴黄褐色，被疏短毛；花梗长 8 ~13 毫米。被短柔毛，萼钟状，具不整齐的 5 齿裂，表面被短毛；花冠白色，芳香，旗瓣近圆形，长18 毫米，基部具爪，先端微凹，翼瓣倒卵状长圆形，基部具细长爪，顶端圆，长 18 毫米，龙骨瓣向内弯，基部具长爪；雄蕊 10 枚，成 9 与 1 两体；子房线状长圆形，被短白毛，花柱几乎弯成直角，荚果扁平，线状长圆形，长 3 ~11 厘米，褐色，光滑。花多为白色，有香气（图 6 -2A）。花粉乳白色，花粉粒具 3 孔沟，长球形。近极面观 3 裂圆状钝三角形，赤道面观近长圆形。花粉大小约 32 微米 ×22 微米。沟长约 27 微米，沟中间狭，两端较宽。外壁表面具小穴状饰纹（图 6 -2B）。

图 6 -2A　洋槐
（罗术东　摄）

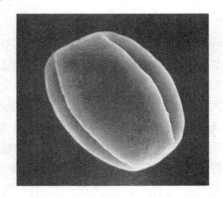

图 6 -2B　洋槐花粉赤道面观
（引自《中国木本植物花粉电镜扫描图志》）

2. 生长特性及分布

刺槐为强阳性喜光树种，不耐蔽荫。喜温暖湿润气候，不耐寒冷，适应性强。较耐干旱、贫瘠，能在中性、石灰性、酸性及轻度碱性土上生长。在底土过于黏重坚硬、排水不良的黏土、粗砂土上生长不良。虽有一定抗旱能力，但在久旱不雨的严重干旱季节往往枯梢。不耐水湿，怕风。刺槐栽种面积大，分布区域广，我国于 1877～1878 年由日本引入，1949 年来，刺槐的栽培范围已遍及华北、西北、东北南部的广大地区。在北纬 23°～46°，东经 86°～124°的 27 个省、市、自治区都有栽培，而以黄河中下游和淮河流域为中心，垂直分布最高可达 2 100 米。目前，我国种植面积约 114 万公顷，主要分布于山东、河北、河南、辽宁、陕西、甘肃、江苏、安徽、山西等地。

3. 开花与泌蜜特性

开花期 4～6 月，因生长地纬度、海拔高度、局部小气候、土壤、品种等不同而异。调查资料表明，分布于北纬 30°～40°与东经 113°～119°的地区，刺槐始花期每相差纬度 1°，向北平均推迟 3 天左右。一个地方的花期 10～15 天，主要泌蜜期 7～10 天。气温 20～25℃，无风的晴暖天气，泌蜜量最大。每群意蜂产蜜量可达 30～70 千克，蜜多粉少。

三、紫花苜蓿

1. 植物形态

别名苜蓿、牧蓿、紫苜蓿等，豆科苜蓿属多年生牧草。也是全国乃至世界上种植最多的牧草品种。由于其适应性强、产量高、品质好等优点，素有"牧草之王"之美称。紫花苜蓿根系发达，主根入土深达数米至数十米；根颈密生许多茎芽，显露于地面或埋入表土中，颈蘖枝条多达十余条至上百条。茎秆斜上或直立，光滑，略呈方形，高 100～150 厘米，分枝很多。叶为羽状三出复叶，小叶倒卵形或倒披针形，先端有锯齿，中叶略大。总状花序簇生，每簇有小花 20～30 朵，蝶形花有短柄，雄蕊 10 枚，1 离 9 合，组成联合雄蕊管，有弹性；雌蕊 1 个。花萼筒状钟形，花冠蓝紫色或紫色（图 6-3A）。紫花苜蓿花粉为黄色。花粉粒近球形，赤道面观为圆形，极面观为 3 裂圆形，具 3 孔沟，沟宽，内孔大而明显。外壁具细网状雕纹，网在沟边变细，网孔近圆形，网脊具细颗粒（图6-3B）。

 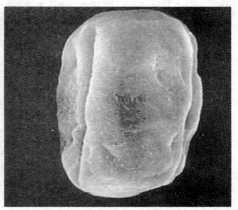

图6-3A 紫花苜蓿   图6-3B 紫花苜蓿花粉赤道面观
（罗术东 摄）   （引自《中国蜜粉源植物》）

2. 生长特性及分布

紫花苜蓿耐寒、耐旱、耐瘠，适应性强。是我国北方优良牧草，在年降雨量250~800毫米、无霜期100天以上的地区均可种植。主要分布于黄河中下游地区和西北地区。以甘肃、陕西、新疆维吾尔自治区、山西和内蒙古自治区面积较大，其次是河北、山东、辽宁、宁夏回族自治区等省、自治区。

3. 开花与泌蜜特性

紫花苜蓿是严格的自花授粉植物，常靠外部机械力量和昆虫采蜜弹开紧包的龙骨瓣而授粉，花期长达40~60天。开花期5~7月，花期约30天。泌蜜适温为28~32℃，每群蜂产蜜量可达15~30千克，高者可达50千克以上。蜜多粉少。

四、荆条

1. 植物形态

别名牡荆、五指风、五指柑、荆柴、荆子、荆棵、土常山等，马鞭草科牡荆属落叶灌木。植株高1~5米，小枝四棱。叶对生、具长柄，5~7出掌状复叶，小叶披针形或椭圆状披针形，长2~10厘米，先端锐尖，缘具切裂状锯齿或羽状裂，背面灰白色，被柔毛。花组成疏展的圆锥花序，长12~20厘米，花萼钟状，具5齿裂，宿存；花冠蓝紫色，二唇形，雄蕊4，2强；雄蕊和花柱稍外伸（图6-4A）。荆条花粉为长球形，极面观为三裂圆形，赤道面观为椭圆形。具3沟，沟长至极端。外壁表面具细网状雕纹，网分布不均，网孔近圆形，网脊宽而平，表面具细颗粒（图6-4B）。

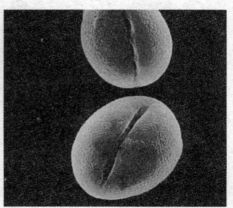

图6-4A　荆条　　　　　　　　　图6-4B　荆条花粉赤道面观
（罗术东　摄）　　　　　　　　（引自《中国木本植物花粉电镜扫描图志》）

2. 生长特性及分布

荆条耐寒、耐旱、耐瘠，适应性强，我国北方地区广为分布。常生于山地阳坡上，形成灌丛，资源极丰富，它广泛分布于中国南北地区，北自太行山、燕山，向南绵延至中条山、沂蒙山、大巴山、伏牛山和黄山等山区。北京北部山区、河北承德地区、内蒙古自治区（以下称内蒙古）昭乌达盟和伊克昭盟等地区都有自然形成的荆条天然绿色屏障分布，是北方干旱山区阳坡、半阳坡的典形植被，对荒地护坡和防止风沙均有一定的环境保护作用。荆条性强健，耐寒、耐旱，亦能耐瘠薄的土壤；喜阳光充足，多自然生长于山地阳坡的干燥地带，形成灌丛，或与酸枣等混生为群落，或在盐碱砂荒地与蒿类自然混生。其根茎萌发力强，耐修剪。其中，华北是分布的中心，主要产区有辽宁、河北、北京市、山西、内蒙古、山东、河南、安徽、陕西、甘肃等省、市、自治区。

此外，黄荆条也是优良的蜜源植物。黄荆条广泛分布于我国亚热带地区石灰岩山地以及河岸边的坡地上。在亚热带北部大别山及皖南海拔 300 米以下的石灰岩低山丘陵钙质土上，黄荆条群落覆盖度较大，株高通常在 0.5～2 米。在中亚热带石灰岩山地海拔 700 米以下的坡脚土壤比较深厚处，黄荆条生长茂密，株高在 1 米左右。在河岸坡地上，如金沙江河谷底部，上层盖度也较大，株高可达 3 米。黄荆条分布较集中，在贵州的乌江沿岸、湖北的低山丘陵岗地、湖南南部、四川内江、重庆涪陵和江西的德安、瑞昌及安徽的皖南山区都有大量分布。

3. 开花与泌蜜特性

荆条是著名的蜜源植物，荆条蜜呈浅琥珀色，易结晶，颗粒细小、透明，气味清香，味道甘甜适口，口感好，为我国四大名蜜之一，结晶后细腻白色。开花期 6～8 月，一个地方主花期约 30 天，气温 25～28℃ 泌蜜量大。每群意蜂可产蜜 25～40 千克。蜜多粉少。

五、枣树

1. 植物形态

别名红枣、大枣、白蒲枣，属鼠李科枣属落叶乔木。枣树高可达 10 米，树冠卵形。树皮灰褐色，条裂。枝有长枝、短枝与脱落性小枝之分。长枝红褐色，呈"之"字形弯曲，光滑，有托叶刺或托叶刺不明显；短枝在二年生以上的长枝上互生；脱落性小枝较纤细，无芽，簇生于短枝上，秋后与叶俱落。叶卵形至卵状长椭圆形，2.5～4 厘米长，1～2 厘米宽，圆滑边至锯齿状边，不尖至稍尖，并在基部呈圆形。在叶根部生出聚伞花序的小（5 毫米大小）黄（或苍黄色）花。花 3～5 朵，簇生于脱落性小枝的腋间，为不完全的聚伞花序，花黄色或黄绿色，花萼凸起呈尖型。小花瓣在顶部向后弯曲，蜜腺分布于花盘上（图 6－5A）。枣花花粉为淡黄色，花粉粒为扁球形，少数为球形或近球形，赤道面观为椭圆形，极面观为钝三角形，具 3 孔沟，沟长至极端，内孔大而明显，有时孔膜外凸，表面具细网状雕纹，网孔形状不一，网脊宽而平，由细颗粒组成（图 6－5B）。

2. 生长特性及分布

枣树耐寒力强，也耐高温，耐旱耐涝。在我国分布很广，自东北南部至华南、西南，西北到新疆维吾尔自治区（以下称新疆）均有，而以黄河中

 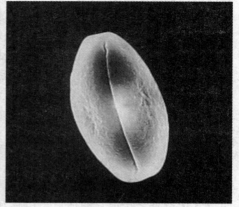

图 6 – 5A　枣树

（罗术东　摄）

图 6 – 5B　枣花粉赤道面观

（引自《中国木本植物花粉电镜扫描图志》）

下游、华北平原栽培最普遍。主要分布于河北、山东、山西、河南、陕西、甘肃等省的黄河中下游冲积平原地区，其次为安徽、浙江、江苏等省。

3. 开花与泌蜜特性

枣树开花期为 5 月至 7 月上旬，因纬度和海拔高度不同而异。花期 25～30 天，气温 26～32℃，相对湿度 50%～70%，泌蜜正常。每群蜂可产蜜 15～25 千克，有时可高达 40 千克。蜜多粉少。

六、柑橘

1. 植物形态

芸香科，包括橘、柑、柚、橙、柠檬等。柑橘属为常绿小乔木或灌木，有针刺，单身复叶，花小，单生或成总状花序，少数丛生于叶腋，花为白色。柑橘的花是混合花，萌发后具有枝、叶和花等器官，花有单花和花序两种：红橘、温州蜜柑等为单花；甜橙、柠檬、葡萄柚等除单花外还有花序，柚以花序为主。柑橘通常需授粉受精后才结果，但温州蜜柑、脐橙等不受精也能结果（图 6 – 6A）。柑橘花粉为黄色，花粉粒近球形，赤道面观为椭圆形或近矩形，极面观为 4 裂或 5 裂圆形或矩形。具 4～5 孔沟，内孔横生。外壁表面具网状雕纹，网孔圆形，大小不一，网脊宽平，表面具细颗粒（图 6 – 6B）。

图 6 –6A 柑橘
（罗术东 摄）

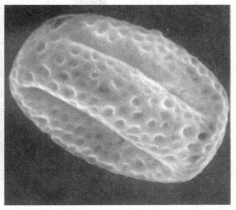

图 6 –6B 柑橘花粉赤道面观
（引自《中国蜜粉源植物》）

2. 生长特性及分布

我国具有发展柑橘得天独厚的自然条件，我国的柑橘主要分布在北纬16°～37°，海拔最高达 2 600 米，南起海南省的三亚市，北至陕、甘、豫，东起台湾省，西至西藏的雅鲁藏布江河谷。可以说，柑橘是我国南方栽培面积最大、涉及就业人口最多的果树。2007 年，我国柑橘种植面积达 191 万公顷，但我国柑橘的经济栽培区主要集中在北纬 20°～33°，海拔 1 000 米以下。全国生产柑橘包括台湾省在内有 19 个省（直辖市、自治区）。其中，主产柑橘的有浙江、福建、湖南、四川、广西壮族自治区、湖北、广东、江西、重庆和台湾 10 个省（市、自治区），其次是上海、贵州、云南、江苏等省（市），陕西、河南、海南、安徽和甘肃等省也有种植。全国种植柑橘的县（市、区）有 985 个。

3. 开花与泌蜜特性

柑橘喜温暖湿润的气候，开花期 2～5 月，因品种、地区及气候而异，在一个地方花期 20～35 天，盛花期 10～15 天。泌蜜适温 22～25℃，相对湿度 70%以上泌蜜多。每群意蜂可产蜜 10～30 千克，有时高达 50 千克。蜜、粉丰富。

七、向日葵

1. 植物形态

别名朝阳花、葵花、转日莲、向阳花、望日莲等，是一种可高达3米的大型一年生菊科向日葵属。全株高1.0~3.5米，对于杂交品种也有半米高的。茎直立，花单生于茎顶，雌花舌状，粗壮，圆形多棱角，被白色粗硬毛。叶通常互生，心状卵形或卵圆形，先端锐突或渐尖，有基出3脉，边缘具粗锯齿，两面粗糙，被毛，有长柄。头状花序，极大，直径10~30厘米，单生于茎顶或枝端，常下倾，俗称花盘。其形状有凸起、平展和凹下3种类型。花盘上有两种花，即舌状花和管状花。舌状花1~3层，着生在花盘的四周边缘，为无性花。它的颜色和大小因品种而异，有橙黄、淡黄和紫红色，具有引诱昆虫前来采蜜授粉的作用。花序中部为两性的管状花，颜色有黄、褐、暗紫色等（图6-7A）。向日葵花粉为深黄色。花粉粒长球形，赤道面观长球形，极面观为3裂圆形。具3孔沟，内孔明显，呈乳头状外凸。外壁表面具刺状雕纹，末端渐尖，略弯曲，刺基呈乳房状，表面具细颗粒（图6-7B）。

 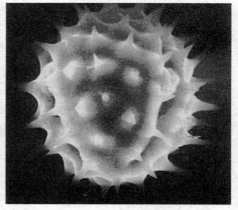

图6-7A 向日葵　　　　　　图6-7B 向日葵花花粉赤道面
（罗术东 摄）　　　　　　（引自《中国蜜粉源植物》）

2. 生长特性及分布

向日葵性喜温暖，耐旱、耐盐碱、抗逆性强，适生于土层深厚、腐殖质含量高、结构良好、保肥保水力强的黑钙土、黑土及肥沃的冲积土上。在我国自黑龙江北纬50°以南均有栽培，年均种植面积在100万公顷左右。主要分布在东北、西北和华北地区，如黑龙江、辽宁、吉林、内蒙古、新疆、宁夏回族自治区（以下称宁夏）、甘肃、河北、天津市、山西和山东等省、自治区、市。

3. 开花与泌蜜特性

向日葵花期7月中旬至8月中旬，主要泌蜜期约20天，气温18～30℃泌蜜良好。每群意蜂可产蜜15～40千克，高时达100千克，蜜、粉丰富。

八、荔枝

1. 植物形态

荔枝别名荔枝母、丹荔、大荔、离枝、火山荔等，无患子科荔枝属植物。原产我国热带及南亚热带地区。荔枝为常绿乔木，树冠广阔，枝多拗曲。高通常不超过10米，有时可达15米或更高，树皮灰黑色，小枝圆柱状，褐红色，密生白色皮孔。叶连柄长10～25厘米或过之，双数羽状复叶，互生，小叶2～8对，长椭圆形或披针形。花序顶生，阔大，多分枝，混合型的聚伞花序圆锥状排列，花小，黄绿色或白绿色；花梗纤细，长2～4毫米，有时粗而短；萼被金黄色短绒毛；雄蕊6～7，有时8，花丝长约4毫米；子房密覆小瘤体和硬毛（图6－8A）。荔枝花粉淡黄色。花粉粒扁球形或近球形，赤道面观为椭圆形或近矩形，极面观为钝三角形或3裂片状，每个角上具有一个萌发孔，三角形三边呈弧形。具3孔沟，沟细长，内孔横长。外壁表面具纹状——细网状雕纹，条纹排列不定向，网小而少，分布不均（图6－8B）。

2. 生长特性及分布

荔枝主要分布在北纬18°～28°，栽培比较集中在北纬22°～24°。据统计，2007年时，我国荔枝栽培面积58万公顷，年产量165万吨，分别占全球的72.5%和61.1%。在我国主要分布于西南部、南部和东南部等地区，如广东、福建、台湾、广西、四川、海南、云南、贵州等地。其中，广东、福建、台湾和广西面积较大，是我国荔枝和荔枝蜜的主产区。

图 6 - 8A　荔枝

（张中印　摄）

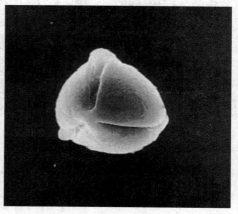

图 6 - 8B　荔枝花粉赤道面观

（引自《中国木本植物花粉电镜扫描图志》）

3. 开花与泌蜜特性

荔枝为亚热带树种，喜温暖湿润的气候，在土表深厚、有机质丰富的冲积土上生长最好，花芳香多蜜，是我国南方的重要蜜源。开花期 1～4 月，群体花期约 30 天，主要流蜜期 20 天左右。在相对湿度为 80% 以上，温度为 20～28℃时开花最盛，泌蜜最多。若遇北风或西南风则不泌蜜。大年每群意蜂可产蜜 10～25 千克，丰年可达 30～50 千克。有大小年现象，花期蜜多粉少。

九、龙眼

1. 植物形态

别名桂圆、益智、圆眼、牛眼。龙眼为无患子科龙眼属常绿乔木，树高10～20 米，多为偶数羽状复叶，小叶对生或互生，革质，长椭圆形或长椭圆状披针形，先端短尖或钝，基部偏斜，全缘或波浪形，下面通常粉绿色；圆锥花序顶生或腋生，花黄白色，被锈色星状小柔毛；花萼 5 深裂，花瓣5，匙形，内面有毛，雄蕊通常 8，雌蕊子房 2～3 室，柱头 2 裂（图 6 - 9A）。龙眼花粉为黄色，花粉粒扁球形，赤道观为椭圆形，极面观为 3 裂圆形或钝三角，三边略外鼓。具 3 孔沟，沟细长，内孔明显。外壁表面具细网状雕纹，网孔圆而小，网脊呈细条纹状，纵向或斜向排列，脊间有大小不等的穿孔分布（图6－9B）。

图6－9A　龙眼
（梁铖　摄）

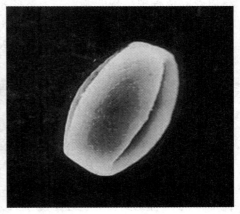

图6－9B　龙眼花粉赤道面观
（引自《中国木本植物花粉电镜扫描图志》）

2．生长特性及分布

龙眼为亚热带树种，适于土层深厚而肥沃和稍湿润的酸性土壤，是我国南方亚热带名果。2007年，龙眼种植面积为46万公顷，总产量为111.5万吨，分别占世界的73.4%和61.9%。主要分布于我国南方沿海的福建、广西、广东和台湾等省、自治区；此外，四川、海南、云南和贵州等省也有小规模种植。

3．开花与泌蜜特性

龙眼开花期为3月中旬至6月中旬，泌蜜期15～20天，品种多的地区花期长达30～45天，开花适温20～27℃，泌蜜适温24～26℃，在夜间暖和南风天气，相对湿度70%～80%时泌蜜量最大。有大小年现象，一般群产15～20千克，丰年可达50千克左右，花期蜜多粉少。

十、紫云英

1．植物形态

别名红花草、草子、燕儿草，紫云英是蝶形花科黄芪属植物。原产我国中南部，以紫云英为主要绿肥作物的肥-稻或肥-稻-稻曾经是我国最主要的种植制度。20 世纪 90 年代中期以来，由于化肥的大量施用、农村劳动力的转移以及农业种植结构的调整，该蜜源植物在很多地方的种植面积大幅下降。然而，随着现代生态农业的低碳和有机环保概念的兴起，农田环境和农产品安全已引起政府的高度重视，以紫云英为主的绿肥作物作为传统的有机肥源正在得到逐步的恢复，重返上升通道。

紫云英为一年生或二年生草本，主根直下，呈圆锥状，有根瘤。茎呈圆柱形，中空，前期直立，后期匍匐，长 20 ~ 110 厘米。奇数羽状复叶，小叶 5 ~ 13，圆锥形或侧卵形。叶色浓绿，表面有光泽，背面疏生柔毛。伞形花序，腋生或顶生，通常有小花 8 ~ 10 朵，多的可达 30 朵，簇生于花梗，排成轮状。总花梗长 5 ~ 15 厘米，花萼 5 片，上呈三角形，下面联合成倒钟形。花冠粉红色或蓝紫色，偶见白色，蝶形，旗瓣倒心形，翼瓣斜截形，雄蕊 10 枚，9 合 1 离，雌蕊在雄蕊中央，柱头球形，子房 2 室（图 6 - 10A）。紫云英花粉为橘黄色。花粉粒长球型，赤道面观长椭圆形，极面观为钝三角形或 3 裂片形。具 3 孔沟，沟细长，沟中间比两端宽，使每裂片略呈枕状，内孔不明显。外壁具网状雕纹，网孔近圆形，网脊较平宽，表面具细颗粒（图 6 - 10B）。

图 6 - 10A　紫云英

（张中印　摄）

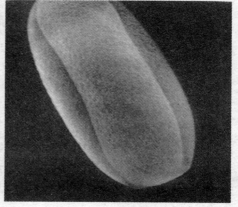

图 6 - 10B　紫云英花粉赤道面观

（引自《中国蜜粉源植物》）

2. 生长特性及分布

紫云英性喜温暖湿润条件，对土壤要求不严格，但以疏松、肥沃的沙质土壤生长最好，有一定耐寒能力。全生育期间要求足够的水分，土壤水分低于 12% 时开始死苗。对土壤要求不严，以 pH 值 5.5～7.5 的沙质和黏质壤土较为适宜。耐盐性差，不宜在盐碱地上种植。紫云英主产区南自北纬 22°左右的广西钦州地区，北至北纬 34°6′的江苏连云港市，东至东经 121°5′左右的上海市，西至东经 103°6′左右的云南昭通。但其主要分布于长江中下游及以南各省区，其中，种植面积较大的有湖南、湖北、江西、安徽和浙江等省。

3. 开花与泌蜜特性

紫云英在湿润爽水的沙土、重壤土、石灰质冲积土上泌蜜良好，开花期因地区、播种期和品种等不同而有差异，一般为 1～5 月。泌蜜期 20 天左右，早熟种花期约 33 天，中熟种约 27 天，晚熟种约 24 天。泌蜜适温为 20～25℃，相对湿度 75%～85%，晴暖高温，泌蜜最涌。花期蜜多、粉多。每群蜂产量 20～50 千克。

十一、椴树

1. 植物形态

椴树科椴树属。椴树为落叶乔木。是夏绿阔叶植物，椴树能长至 30 米高，直径可达 1 米。我国有 32 种，坚果类主产温带，核果类主产亚热带。花具蜜腺，芳香，为优良蜜源树种。椴树属最明显的特征是在花序柄基部与膜质、舌状的大苞片合生。无顶芽，侧芽单生，芽鳞 2～3。叶互生，基部偏斜，有锯齿，稀全缘，有长柄，托叶早落。花两性，白色或黄色，聚伞花序，花序梗下半部与窄舌状苞片贴生。萼片 5，镊合状排列，花瓣 5，覆瓦状排列，基部常有小鳞片，雄蕊多数，离生或合生成 5 束，有时具花瓣状退化雄蕊，与花瓣对生。子房 5 室，每室胚珠 2（图 6-11A）。紫椴花粉深黄色，花粉粒扁球形，赤道面观为椭圆形，极面观为 3 裂圆形或 3 裂宽椭圆形。具 3 孔沟，沟短而细，略长于内孔，内孔纵长椭圆形，外壁具细网状雕纹。网眼通常近圆形，网脊内斜至网底，网眼内具小颗粒（图 6-11B）。

2. 生长特性及分布

椴树为喜凉温气候、耐寒，深根性的阳性树种。中国南北均产，但主要分布于长白山、完达山和小兴安岭林区，面积约 32 万公顷，主产区为黑龙江、吉林。长江流域以南有 20 多种，主要有糯米椴、南京椴、华椴、湖南

图6-11A　紫椴

（薛运波　摄）

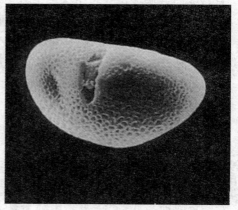

图6-11B　紫椴花粉赤道面观

（引自《中国木本植物花粉电镜扫描图志》）

椴和粉椴等。北方和东北有紫椴、蒙椴和糠椴等12种；紫椴常生于小兴安岭、长白山海拔500～1 600米处，是温带红松阔叶林的重要组成部分之一。糠椴、蒙椴在北部海拔800～1 400米为常见树种。椴树稍耐阴或喜光。适生于深厚、肥沃、湿润的土壤。山谷、山坡均可生长。深根性。生长速度中等，萌芽力强。

3. 开花与泌蜜特性

紫椴开花期为7月上旬至下旬，花期约20天；糠椴为7月中旬至8月中旬，花期为20～25天。两种椴树开花交错重叠群体花期长达35～40天，泌蜜适温20～25℃。大年每群意蜂可产蜜20～30千克，丰年可达100千克。

十二、白刺花

1. 植物形态

别名狼牙刺、小叶槐、白花刺、马蹄针、苦刺等，豆科槐属。白刺花为矮小灌木，植株丛生或单生，株高1～3米。树干深黑褐色，有纵裂，新枝绿色，有短毛，老枝褐色，枝条有锐利的针状刺。树皮灰褐色，多疣状突起。奇数羽状复叶互生，小叶11～21枚，卵圆形至长卵形，长7～12毫米，宽4～7毫米，先端微凹，有小刺尖，基部圆形，全缘，叶色墨绿，背面颜色稍浅，疏生平伏的白毛。总状花序着生于老枝顶，花序稍微下弯，有小花

6～12 朵，花萼紫蓝色，杯形，5 浅齿，花蕾白色或蓝白色，有短花梗，花冠旗瓣倒卵状至匙形，长 1.5 厘米，龙骨瓣基部有钝耳（图 6－12A）。白刺花花粉为黄色，花粉粒为长球形，少数为球形或近球形，极面观为 3 裂圆形，赤道面观为椭圆形。具 3 孔沟，沟长至两极，内孔膜呈乳头状外凸。外壁表面具网状雕纹，网分布均匀，网孔近圆形，网脊较宽平，表面具细颗粒（图 6－12B）。

 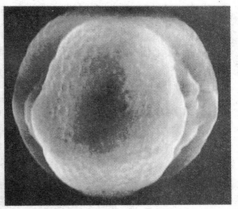

图 6－12A　白刺花
（祁文忠　摄）

图 6－12B　白刺花花粉赤道面观
（引自《中国木本植物花粉电镜扫描图志》）

2. 生长特性及分布

白刺花习性强健，喜温暖湿润和阳光充足的环境，耐寒冷，耐瘠薄，但怕积水，稍耐半阴，不耐阴。对土壤要求不严，但在疏松肥沃，排水良好的沙质土壤中更好。因而在华北、西北、西南均有分布，主要分布于陕西、甘肃、宁夏、山西、云南、四川、西藏自治区（以下称西藏）等地。

3. 开花与泌蜜特性

白刺花开花期多数地方是 5 月，因所在的纬度和海拔高度不同而异。花期长约 30 天，泌蜜期 20～25 天。气温 25～28℃，相对湿度 70% 以上，泌蜜量最大。每群意蜂产蜜量可达 15～30 千克，高的可达 40 千克。蜜、粉丰富。

十三、棉花

1. 植物形态

别名陆地棉、高地棉、大陆棉，锦葵科棉属植物。棉花为一年生草本，高 1～1.5 米，主根粗壮，根系发达。茎圆形，直立，中实。单叶互生，掌状 3 裂，稀 5 裂，中裂片深达叶片之半，裂片三角状卵形，先端尖锐，基部心形，叶片表面有长柔毛，主脉 3～5 条，有蜜腺。花单生，小苞片 3，离生，有蜜腺；花萼杯状，花冠白色或淡黄色，后变淡红色或紫色（图 6－13）。棉花花粉为黄色，粒球形。具散孔 5 个，外壁密布均匀的刺状雕纹，刺顶部尖滑，刺基部具有颗粒状雕纹。

图 6－13　棉花

（罗术东　摄）

2. 生长特性及分布

全国大部分省区都有栽培，主要产区为新疆棉区、黄河中下游地区和渤海湾沿岸，其次是长江中下游地区，其中，山东、河北、河南、江苏和湖北面积较大。全国总面积为 600 万公顷左右。

3. 开花与泌蜜特性

棉花共分叶脉、苞叶和花内 3 种蜜腺，往往开花前叶脉蜜腺先泌蜜。开花期 7～9 月，花期长达 70～90 天，泌蜜适温 35～38℃，不同棉区开花期不同。长江中下游省区棉花的花期在 7 月下旬至 9 月上旬，黄河中下游各省为 7 月初至 8 月初，新疆吐鲁番为 7 月中旬至 9 月初。大流蜜期约 40 天，泌蜜适温 35℃。新疆棉区一般群产蜜 10～30 千克，最高达 150 千克。其他棉区因花期频繁施用农药，伤蜂过重，蜜源利用价值大大降低，群产一般在 10～20 千克。

十四、苕子

1. 植物形态

别名蓝花草子、巢菜、广布野豌豆，豆科巢菜属。苕子为一年生或多年生草本，萌发时子叶留在土中，胚芽出土后长成茎枝与羽状复叶。主根明显，侧根多，主要密集在 30 厘米左右的表土层，根部着生根瘤。茎方形中空，基部有 3～5 个分枝节，每个分枝节产生分枝 3～4 个。茎蔓长达 2～3 米，匍匐或半匍匐生长，自然高度 40～60 厘米。叶片偶数羽状复叶，每个复叶上有小叶 5～10 对，小叶长卵圆形或倒卵形，复叶顶端有卷须 3～5 个。蓝花苕子叶色较淡；光叶苕子茎叶长有稀而短的茸毛；毛叶苕子叶色较深，叶片较大，茎叶有浓密的茸毛。苕子为总状花序腋生，由叶腋间长出花梗，每梗上开小花 10～30 朵为一个花序，单株花序数达 200 个左右，花冠蝶形，蓝色或蓝紫色（图 6 - 14）。苕子花粉黄色，花粉粒为长球形，黄色，赤道面观为长椭圆形，极面观为钝三角形。

图 6 - 14　苕子
（张学文　摄）

2. 生长特性及分布

苕子种类多，分布广，耐寒、耐旱、耐瘠薄，适应性强。我国约有 30 种，主要品种有光叶苕子、毛叶苕子、兰花苕子、嘉鱼苕、东安苕、油苕和花苕等。主要分布在南方各省，尤以江苏、山东、陕西、云南、贵州、安徽、四川、湖南、湖北、广西、甘肃等省、自治区较为普遍，新疆、东北、福建及台湾等省、自治区也有栽培。全国种植面积约 67 万公顷。

3. 开花与泌蜜特性

开花期 3～6 月，因种类和地区不同，开花期也不尽相同。花期 20～25 天，泌蜜适温 24～28℃。蜜、粉丰富，每群意蜂产量可达 15～40 千克。

十五、桉树

桉树为桃金娘科桉树属植物，桉树种类繁多，下面重点介绍两个主要的种类。

1. 大叶桉

①植物形态。大叶桉为常绿乔木，高达 25～30 米，树皮不剥落，暗褐色，有槽纹，小枝初生淡红色，渐变为褐色。叶互生，革质，揉之有香气，卵形至阔披针形，侧脉横列，长 8～18 厘米，宽 3～7.5 厘米。伞形花序腋生或侧生，有花 5～10 朵。总花梗粗而扁。花萼帽状体厚，直径约 9 毫米。春季开白花，径达 18 毫米。蜜腺位于花托内壁，深黄色（图 6－15A）。大叶桉花粉为浅黄色。花粉扁球形，赤道面和极面观均为钝三角形，三角形边缘略凹。具 3 孔沟，外壁光滑或具有模糊的雕纹（图 6－15B）。

②生长特性及分布。大叶桉喜温暖、湿润气候。主要分布于长江以南各省区，如广东、海南、广西、四川、云南、福建、台湾等地。湖南、江西、浙江和贵州等省的南部地区也有种植。

③开花与泌蜜特性。开花期 8 月中下旬至 12 月初，花期长达 50～60 天，甚至更长，盛花泌蜜期 30～40 天。15℃开始泌蜜，19～20℃泌蜜最多。每群蜂产蜜量可达 10～30 千克。蜜多粉少。

 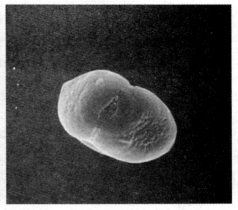

图 6 – 15A　桉树　　　　　　图 6 – 15B　大叶桉花粉赤道面观

（引自 www. microscopy-uk. org）　（引自《中国木本植物花粉电镜扫描图志》）

2. 柠檬桉

①植物形态。柠檬桉为常绿乔木，高 10 ~ 30 米。树皮平滑，淡白色或淡红灰色，片状脱落，皮脱后甚光滑，色白。叶具柠檬香味；异常叶较厚，有时长达 30 厘米，宽达 7.5 厘米，下面苍白色；幼枝的叶被棕红色腺毛，叶柄盾状着生于离叶基 4 ~ 5 毫米处；正常叶互生，卵状披针形或狭披针形，长 10 ~ 20 厘米，稍呈镰状。伞形花序，有花 3 ~ 5 朵，数个排列成腋生或顶生圆锥花序。花直径 1.5 ~ 2 厘米，花缺乏花瓣和花萼，无数的雄蕊成为最显著的部分。萼筒杯状，直径 6 ~ 8 毫米，深黄色蜜腺贴生于萼管内缘。帽状体半球形，较萼管短，2 层，外层稍厚，有小凸尖，内层薄而平滑，富有光泽；雄蕊多数，长 8 ~ 10 毫米。柠檬桉花粉粒扁球形，极面观为钝三角形，少数为方形。具 3 孔沟，内孔横长，具孔室。外壁表面具模糊的网状雕纹。

②生长特性及分布。柠檬桉属阳性树种，喜温暖气候，气温在 18℃ 以上的地区都能正常生长，在 0℃ 以下易受冻害。有较强的耐旱力。对土壤要求不严，喜湿润、深厚和疏松的酸性土，凡土层深厚、疏松、排水良好的红壤、砖红壤、红黄壤、黄壤和冲积土均生长良好，比较耐旱，适应性较强。主要分布于广东、广西、海南、福建、台湾，其次是江西、浙江南部、四川、湖南南部、云南南部等。

③开花与泌蜜特性。花期每年 2 次，12 月至次年 5 月，7～8 月。不同地区花期不一致，如雷州半岛 11 月中旬为始花期，广州、南宁则为 12 月上旬，花期长达 80～90 天。气温 18～25℃，相对湿度 80% 以上的天气泌蜜量最大。每群蜂可产蜜 8～15 千克。蜜多粉少。

十六、乌桕

1. 植物形态

别名卷子、木梓、木蜡、腊子树、桕子树等，大戟科乌桕属落叶乔木。乌桕高可达 15 米，各部均无毛而具乳状汁液；树皮暗灰色，有纵裂纹；枝广展，具皮孔。叶互生，纸质，叶片菱形、菱状卵形或稀有菱状倒卵形，长 3～8 厘米，宽 3～9 厘米，顶端骤然紧缩具长短不等的尖头，基部阔楔形或钝，全缘；中脉两面微凸起，侧脉 6～10 对，纤细，斜上升，离缘 2～5 毫米弯拱网结，网状脉明显，叶柄纤细，长 2.5～6 厘米，托叶顶端钝，长约 1 毫米。花单性，雌雄同株，聚集成顶生，长 6～12 厘米的总状花序，雌花通常生于花序轴最下部或罕有在雌花下部亦有少数雄花着生，雄花生于花序轴上部或有时整个花序全为雄花。雄花的特点是花梗纤细，长 1～3 毫米，向上渐粗；苞片阔卵形，长和宽近相等约 2 毫米，顶端略尖，基部两侧各具一近肾形的蜜腺，每一苞片内具 10～15 朵花；小苞片 3，不等大，边缘撕裂状；花萼杯状，3 浅裂，裂片钝形，具不规则的细齿；雄蕊 2 枚，罕有 3 枚，伸出于花萼之外，花丝分离，与球状花药近等长。雌花的特点是花梗粗壮，长 3～3.5 毫米；苞片深 3 裂，裂片渐尖，基部两侧的蜜腺与雄花的相同，每一苞片内仅 1 朵雌花，间有 1 雌花和数雄花同聚生于苞腋内；花萼 3 深裂，裂片卵形至卵头披针形，顶端短尖至渐尖；子房卵球形，平滑，3 室，花柱 3，基部合生，柱头外卷（图 6-16A）。乌桕花粉为黄色。花粉粒为长球形，赤道面观为椭圆形，极面观为 3 裂圆形。具 3 孔沟，沟长至两极，内孔圆形，不明显，网脊平坦，表面具细颗粒状（图 6-16B）。

2. 生长特性及分布

乌桕喜光，喜温暖气候及深厚肥沃而水分丰富的土壤，耐寒性不强，年平均温度 15℃ 以上，年降雨量 750 毫米以上地区都可生长。对土壤适应性较强，沿河两岸冲积土、平原水稻土，低山丘陵黏质红壤、山地红黄壤都能生长。以深厚湿润肥沃的冲积土生长最好。因而，在我国分布很广，地理分

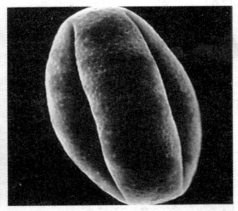

图 6 – 16A　乌桕　　　　　　　图 6 – 16B　乌桕花粉赤道面观

（华启云　摄）　　　　　　（引自《中国木本植物花粉电镜扫描图志》）

布于北纬 18°30′~36°、东经 99°~121°40′。垂直分布下界接近海平面，在珠三角常见；上界四川会理 2 800 米。主要分布于秦岭——淮河以南各省区及台湾、海南。浙江、四川、湖北、贵州、湖南、云南栽培较多，其次是江西、广东、福建、安徽、河南等。

3. 开花与泌蜜特性

乌桕开花期在多数省份是 6~7 月，花期约 30 天。泌蜜适温 25~32℃，在温度为 30℃、相对湿度 70% 以上时泌蜜最好。每群蜂可产蜜 20~30 千克，丰年可达 50 千克以上。蜜、粉丰富。

十七、山乌桕

1. 植物形态

别名野乌桕、山杠、山柳、红心乌桕，大戟科。山乌桕为落叶乔木或灌木，乔木高达 10~20 米，树皮灰色。单叶互生或对生，纸质，椭圆或卵圆形，先端渐尖，基部钝形，表面绿色，背面粉红色，全缘。叶柄细长，顶端有 2 腺体。花单性，雌雄同株，穗状花序顶生，密生黄色小花，苞片卵形，先端尖锐，每侧各有一个蜜腺，无花瓣及花盘。雌雄花同序，雄花 7 朵生于苞片叶内，雄花生于花序近基部（图 6 – 17A）。山乌桕花粉为黄色。花粉粒圆形或近圆形。具 3 孔沟，表面具网状雕纹，网脊起伏不平（图 6 –

17B）。

 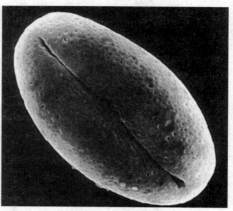

图6-17A　山乌桕
（黄志勇　摄）

图6-17B　山乌桕花粉赤道面观
（引自《中国木本植物花粉电镜扫描图志》）

2. 生长特性及分布

山乌桕为亚热带树种，喜温暖湿润气候。多生于阔叶林中、山坡、谷地、溪边的土层深厚、土质肥沃而潮湿处。山乌桕广泛分布于我国南方热带、亚热带山区，主要分布地为福建、广东、广西、云南、贵州、江西、湖南、浙江等省、自治区的山区。

3. 开花与泌蜜特性

开花期因海拔、纬度、树龄、树势等不同而异，4月中下旬形成花序，5月中下旬开花。花期约30天，泌蜜期20~25天，泌蜜适温28~32℃。每群意蜂可产蜜15~20千克，丰年可达25~50千克。蜜、粉丰富。

十八、草木樨

1. 植物形态

别名铁扫把、省头草、辟汗草、野苜蓿等，为豆科草本直立型一年生和二年生植物，主根深达2米以下。茎直立，多分枝，株高50~120厘米，最高可达2米以上。羽状三出复叶，小叶椭圆形、倒卵形或倒披针形，长1~1.5厘米，宽3~6毫米，先端钝，基部楔形，叶缘有疏齿，托叶条形；总状花序腋生或顶生，有小花百余朵，长而纤细，花小，长 3～4 毫米，花萼钟状，具 5 齿，花冠蝶形，黄色或白色，旗瓣长于翼瓣（图 6－18A）。白香草木樨花粉为黄色，花粉粒长球形。赤道面观为长椭圆形，极面观为 3 裂圆形。具 3 孔沟，内孔大而明显，孔膜略外凸。外壁表面具网状雕纹，网孔近圆形，网脊具细颗粒。黄香草木樨花粉为黄色，花粉粒长球形，赤道面观为长椭圆形，中间略缢缩，极面观为 3 裂圆形。具 3 孔沟，沟长，内孔纵长，明显。外壁表面具网状雕纹，网分布均匀，网孔近圆形，网脊由细颗粒组成（图 6－18B）。

图 6－18A　黄花草木樨
（王彪　摄）

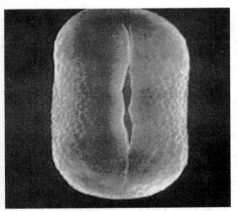

图 6－18B　黄花草木樨花粉赤道面观
（引自《中国蜜粉源植物》）

2. 生长特性及分布

草木樨喜欢生长于温暖而湿润的沙地、山坡、草原、滩涂及农区的田埂、路旁和弃耕地上。草木樨有白花和黄花两品种。草木樨广泛分布于长城内外，大江上下，从云贵高原到黑龙江边，从玛纳斯河畔到东海岸均有分布。是我国北方各省区的牧区的一种重要的牧草品种，我国南方主要栽培的为黄花草木樨。

3. 开花与泌蜜特性

大部分地区草木樨开花期为 6 月中旬至 7 月下旬，花期约 30 天。流蜜期约 20 天，气温 25～30℃，相对湿度 60%～80% 时，泌蜜量最大，在新疆则需要更高气温。草木樨泌蜜量大，产量稳定，一般 0.3 公顷可放蜂一群，群产蜜 20 ~ 40 千克，最高可达 60 千克。人工种植并有灌溉条件的草木樨，一个花期可取蜜 7 次。草木樨的蜜、粉丰富，蜂群采完草木樨后，群势能增长 30% ~ 50%，蜜、粉丰富。

十九、芝麻

1. 植物形态

别名胡麻、脂麻、白麻，胡麻科胡麻属。芝麻为一年生草本，全株长着茸毛，茎直立，高达 1 米，下圆上方。单叶对生或上部互生，卵形、矩形或披针形。花单生或 2 ~ 3 朵簇生于叶腋，花管状，多数白色，也有浅紫、紫色等（图 6 – 19A）。芝麻花粉为淡黄色，花粉粒近球形或扁球形，赤道面观为阔椭圆形，极面观为 12 裂圆形，具 12 沟，沟从极面看分布均匀，外壁表面具瘤状或短棒状雕纹，分布均匀（图 6 – 19B）。

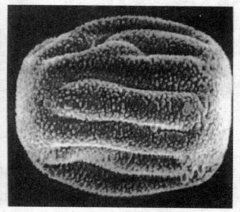

图 6 – 19A　芝麻　　　　　　　　图 6 – 19B　芝麻花粉赤道面观
　　（张中印　摄）　　　　　　　　　（引自《中国蜜粉源植物》）

2. 生长特性及分布

芝麻为栽培作物，我国种植芝麻历史悠久，总产量居世界首位。芝麻适生于地势高、排水良好、质地轻松、结构松软的土壤。但主产区集中在江淮流域和长江中下游地区，其中，河南、湖北、安徽面积较大，全国约有 50 万公顷。

3. 开花与泌蜜特性

芝麻花期早的为 6~7 月，晚的 7~8 月，花期长达 30~40 天，泌蜜适温 25~28℃。每群意蜂可产蜜 10~15 千克，蜜、粉丰富。

二十、荞麦

1. 植物形态

别名三角麦，蓼科荞麦属的植物。茎直立，下部不分蘖，多分枝，光滑，淡绿色或红褐色，有时有稀疏的乳头状突起。叶片心脏形如三角状，顶端渐尖，基部心形或戟形，全缘。托叶鞘短筒状，顶端斜而截平，早落。花序总状或圆锥状，顶生或腋生。多为两性花。单被，花冠状，常为 5 枚，只基部连合，绿色、黄绿色、白色、玫瑰色、红色、紫红色等。雄蕊不外伸或稍外露，常为 8 枚，成两轮：内轮 3 枚，外轮 5 枚。雌蕊 1 枚，三心皮联合，子房上位，1 室，具 3 个花柱，柱头头状。蜜腺常为 8 个，发达或退化。有雌雄蕊等长花型，或长花柱短雄蕊和短花柱长雄蕊花型（图 6 – 20A）。荞麦花粉暗黄色。花粉粒长球形，赤道面观为椭圆形，极面观为 3 裂圆形，具 3 孔沟，沟细长，内孔圆形，不明显。表面具细网状雕纹，网孔近圆形或椭圆形，网脊宽，由细颗粒织成（图 6 – 20B）。

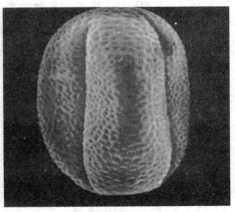

图 6 – 20A　荞麦　　　　　　　图 6 – 20B　荞麦花粉赤道面观
（罗术东　摄）　　　　　　　（引自《中国蜜粉源植物》）

2. 生长特性及分布

荞麦在我国大部分省区都有栽培，耐旱、耐瘠、生育期短，适应性强。主要分布在西北、东北、华北和华南。以甘肃、陕西、内蒙古面积较大，其次是宁夏、山西、辽宁、湖北、江西和云贵高原。

3. 开花与泌蜜特性

荞麦是中国三大蜜源作物之一，甜荞花朵大、开花多、花期长，蜜腺发达、具有香味，泌蜜量大。开花规律大致是由北向南推迟，早荞麦多为 7～8 月，晚荞麦多为 9～10 月。花期长 30～40 天，盛花期约 24 天，泌蜜适温 25～28℃。每群意蜂可产蜜 30～40 千克，最高达 50 千克以上。蜜、粉丰富。

二十一、鹅掌柴

1. 植物形态

别名鸭脚木、公母树，亦称伞树，五加科鹅掌柴属。鹅掌柴为常绿乔木或灌木，栽培条件下株高 30～80 厘米，在原产地可达 40 米，分枝多，枝条紧密。掌状复叶，小叶 5～9 枚，椭圆形至长圆状椭圆形，长 9～17 厘米，宽 3～5 厘米，端有长尖，叶革质，浓绿，有光泽。花序由伞形花序聚生大型圆锥花序，顶生，花小，多数白色，有香气（图 6–21A）。鹅掌柴花粉为白色。花粉粒球形，极面观为 3 裂圆形，赤道面观为近圆形或长圆形。具 3 孔沟，内孔位于沟中央，孔膜呈乳头状外凸，位于三角形的三个角上。外壁表面具网状雕纹，网孔小而稀，略呈圆形（图 6–21B）。

2. 生长特性及分布

鹅掌柴喜温暖、湿润、半阳环境。宜生于土质深厚肥沃的酸性土壤中，稍耐瘠薄。主要分布于福建、台湾、广东、广西、海南、云南等省、自治区的山区。

3. 开花与泌蜜特性

开花期 10 月到次年 5 月，纬度高和海拔高处早开花，纬度低和海拔低处迟开花。群体花期长达 60～70 天，泌蜜适温 18～22℃。每群中蜂可产蜜 10～15 千克，丰年高达 30 千克。蜜、粉丰富。

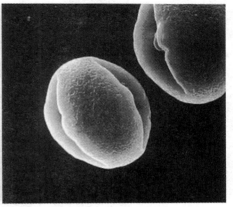

图6-21A 鹅掌柴

（引自 www. v2. cvh. org. cn）

图6-21B 鹅掌柴花粉赤道面观

（引自《中国木本植物花粉电镜扫描图志》）

二十二、野坝子

1. 植物形态

别名野拔子、野苏、扫巴茶、皱叶香薷、野香薷，唇形科香薷属植物。野坝子为草本至半灌木，高30~150厘米。小枝四菱形，上部密被白色微柔毛。叶对生，卵形、椭圆形至近菱形，长2~7.5厘米，顶端短尖，基部楔形下延，边缘除基部外其余具粗锯齿，上面具细皱和粗硬毛，下面密被白色绒毛。叶柄长5~25毫米。轮伞花序多花，在茎及枝顶排成长3~12厘米的假穗状花序；小苞片钻形；花萼钟状，长约1.5毫米，外被白色粗硬毛，齿5，近相等或后2齿稍长；花冠白色、淡黄色或淡紫色，宽钟状，筒部内面具斜向毛环，檐部二唇形，上唇直伸，顶端微凹，边缘啮蚀状，下唇3裂，中裂片较大，卵圆形，全缘具睫毛；雄蕊4，前对较长，外露，花丝疏被柔毛，花药卵圆形，2室；雌蕊1，花柱细长（图6-22A）。野坝子花粉为淡黄色。花粉粒多为近球形，少数为长球形或扁球形，赤道面观为椭圆形，两端略平，极面观为6裂圆形。具6孔沟，沟前后对称，沟长至极端，表面具负网状雕纹，网孔近圆形，网脊平坦表面由细颗粒组成（图6-22B）。

2. 生长特性及分布

我国野坝子集中分布在云南北纬23°以北、四川西南部、贵州西南部等

图 6 - 22A　野坝子	图 6 - 22B　野坝子花粉赤道面观
（张学文　摄）	（引自《中国木本植物花粉电镜扫描图志》）

地区。多生长在海拔 1 300 ~ 2 800米阳光充足的稀树草坡、沟谷旁、路旁及灌木丛间，是我国西南地区山区野生的冬季主要蜜源植物。

3. 开花与泌蜜特性

花期随纬度北移和海拔增高而提前，10 月中旬至 12 月中旬开花，花期 40 ~ 50 天，流蜜期 30 ~ 40 天，花开后 3 ~ 4 天泌蜜最多，泌蜜适温 17 ~ 22℃。如四川西昌、凉山为 10 月中旬至 11 月下旬；云南楚雄、大理、昆明为 10 月下旬至 12 月上旬。夜间气温降到 0℃左右，白天回升至 8℃时开始泌蜜，17℃以上泌蜜最多。若年降雨量在 800 毫米以上，雨季开始于 4 ~ 5 月，降雨集中在 6~8 月，雨季结束于 10 月上旬，则生长快，长势好，泌蜜多。霜冻、低温或寒潮袭击，对泌蜜有严重影响。野坝子花期常年每群蜂可取蜜 15 ~ 20 千克，丰年可达 50 千克以上，灾年也可采足蜂群的越冬食料。野坝子花期花粉较少。蜜呈浅琥珀色，颗粒细腻，似油脂状，俗称"油蜜"。极容易结晶，结晶后呈乳白色，蜜质质地坚硬，因此，又有"云南硬蜜"的美称，为蜜中上等佳品。

二十三、枇杷

1. 植物形态

别名卢橘、金丸、芦枝等，蔷薇科枇杷属常绿小乔木。枇杷高可达 10

米；小枝密生锈色或灰棕色绒毛。叶片革质，披针形、长倒卵形或长椭圆形，长 10～30 厘米，宽 3～10 厘米，顶端急尖或渐尖，基部楔形或渐变狭成叶柄，边缘有疏锯齿，表面皱，背面及叶柄密生锈色绒毛。圆锥花序花多而紧密；花序梗、花柄密生锈色绒毛；花白色，芳香，直径 1.2～2 厘米，花瓣内面有绒毛，基部有爪，蜜腺位于花筒内周（图 6－23A）。枇杷花粉为淡黄色。花粉粒长球形，赤道面观为椭圆形，极面观为 3 裂圆形或 3 裂片状。具 3 孔沟，沟长至极端，内孔明显。外壁表面具细条纹，条纹略近子午向排列，网孔小而圆形，分布不均（图 6－23B）。

图 6－23A 枇杷
（梁铖 摄）

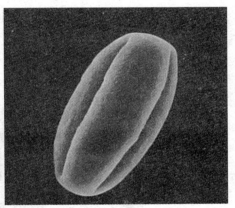

图 6－23B 枇杷花粉赤道面观
（引自《中国木本植物花粉电镜扫描图志》）

2. 生长特性及分布

枇杷在年平均温度 15℃ 以上的地方能正常结果，平均气温 12℃ 以上的地区能生长，而且抗寒能力甚强，成年树可抵抗 －18℃ 的低温，花能抵抗 －4℃ 的低温，而且花期长，较少全受冻害。加上枇杷对土壤、阳光的要求亦不高，因此，在中国淮河以南的各地方都有栽种。主要分布于我国的浙江、福建、江苏、安徽、贵州、云南、江西、湖南、台湾等省，为冬季主要蜜源。

3. 开花与泌蜜特性

开花期 10 月至来年 1 月，开花泌蜜期 30～35 天，泌蜜适温 18～22℃，相对湿度 60%～70%，夜凉昼热、南风天气泌蜜多。每群蜂可产蜜 5～10

千克。

二十四、柃属

1. 植物形态

别名野桂花、桂，山茶科。全世界记录种有 130 种，我国有 80 种。柃属植物为常绿灌木或乔木，高 1~3 米，乔木高达 10 米。嫩枝有棱，无毛或有疏毛。单叶互生，叶柄长 2~5 毫米；叶片革质，成两列状，椭圆形至圆状披针形，长 3~6 厘米，宽 1.5~3 厘米，先端锐尖或渐尖，微凹，基部楔形，边缘具钝齿，上面深绿色，下面黄绿色，两面均无毛，主脉在上面下陷，侧脉不明显。花单生或数朵簇生于叶腋，雌雄异株，花白色，有的粉色，萼片覆瓦状排列，花瓣 5，基部连合，雄花有雄蕊数枚，多短于花瓣，退化子房有或无，雌花无雄蕊。花柱短，先端 3 浅裂。雌花蜜腺位于子房基部，雄花蜜腺位于雄蕊基部（图 6-24A）。格药柃花粉粒长球形，赤道面观长球形，极面观为 3 裂圆形或 3 裂片状；细枝柃花粉粒长球形，赤道面观为长椭圆形，极面观为 3 裂圆形；微毛柃花粉粒长球形，赤道面观长椭圆形，极面观为 3 裂圆形；尖叶柃花粉粒长球形，赤道面观为长椭圆形，极面观为 3 裂圆形，具 3 孔沟，沟深，外壁表面具细网状纹饰（图 6-24B）。

图 6-24A　柃木

（尤方东　摄）

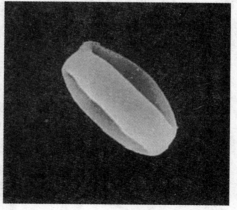

图 6-24B　尖叶柃花粉赤道面观

（引自《中国木本植物花粉电镜扫描图志》）

2. 生长特性及分布

柃属植物喜温暖、凉爽湿润的气候。广泛分布于长江以南各省区和台湾、海南，少数种类北达秦岭南坡。我国柃蜜生产基地为湖北、广西、江西，其次是广东、福建、云南等。

3. 开花与泌蜜特性

花期 8 月底至 12 月底，花期 10～15 天。通常将开花分为三个阶段：早桂花为 10～11 月；中桂花为 11～12 月，晚桂花为 12 月至次年 2 月，泌蜜适温 18～22℃。中蜂每群可产蜜 10～20 千克，丰年可高达 25～35 千克，最高可达 50～60 千克。蜜、粉丰富。

二十五、沙枣

1. 植物形态

别名桂香柳、银柳、香柳，胡颓子科胡颓子属落叶乔木或灌木，是我国西北地区夏季主要蜜源植物。沙枣高 5～15 米，树皮栗褐色至红褐色，有光泽，树干常弯曲，枝条稠密，具枝刺，嫩枝、叶、花果均被银白色鳞片及星状毛。单叶互生，叶具柄，椭圆状披针形至狭披针形，长 4～8 厘米，先端尖或钝，基部楔形，全缘，上面银灰绿色，下面银白色。蜜腺位于子房基部，花两性，银白色或黄色，芳香，通常 1～3 朵生于小枝叶腋，花被筒钟形，顶端通常 4 裂（图 6－25A）。沙枣花粉为黄色。花粉粒为扁球形至球形，赤道面观为椭圆形或扁圆形，极面观为钝三角形或三角形。具 3 孔沟，沟边不平，内孔明显突出。外壁表面具模糊的细网状雕纹，网脊由细颗粒组成（图 6－25B）。

2. 生长特性及分布

沙枣生活力很强，有抗旱，抗风沙，耐盐碱，耐贫瘠等特点。天然沙枣只分布在降水量低于 150 毫米的荒漠和半荒漠地区，与浅的地下水位相关，地下水位低于 4 米，则生长不良。沙枣对热量条件要求较高，在≥10℃积温 3 000℃以上地区生长发育良好，积温低于 2 500℃时，结实较少。活动积温大于 5℃时才开始萌动，10℃以上时，生长进入旺季，16℃以上时进入花期。在我国主要分布在西北各省区和内蒙古西部。少量的也分布到华北北

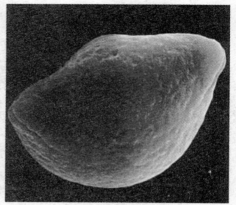

图 6－25A　沙枣　　　　　　图 6－25B　沙枣花粉赤道面观
（罗术东　摄）　　　　　（引自《中国木本植物花粉电镜扫描图志》）

部、东北西部。大致在北纬 34° 以北地区。天然沙枣林集中在新疆塔里木河、玛纳斯河，甘肃疏勒河，内蒙古的额济纳河两岸。人工沙枣林则广布于新疆、甘肃、青海、宁夏、陕西和内蒙古等省区。尤其新疆南部、甘肃河西走廊、宁夏中卫、内蒙古的巴彦淖尔盟和阿拉善盟、陕西的榆林等地，都有用沙枣营造的大面积农田防护林和防风固沙林。近年山西、河北、辽宁、黑龙江、山东、河南等省区，也在沙荒地和盐碱地引种栽培。

3. 开花与泌蜜特性

沙枣开花期为 5～6 月，花期长约 20 天。生长在地下水丰富、较湿润的地方，泌蜜量较大。每群意蜂可产蜜 10～15 千克，高的可达 30 千克。蜜、粉丰富。

二十六、老瓜头

1. 植物形态

别名牛心朴子、芦心草，萝摩科鹅绒藤属多年生立半灌木。株高 0.2～0.5 米，根须状。叶对生，狭椭圆形或披针形，长 3～7 厘米，宽 5～15 毫米，近无柄。伞形聚伞花序近顶部腋生，有花 10 余朵；花萼 5 深裂，裂片矩圆状三角形，两面无毛。花冠紫红色，花冠裂片 5 枚，矩圆形，长 2～3毫米，宽 1.5 毫米。副花冠 5 深裂，裂片盾状，与花药等长；花粉块每室 1

个，下垂。子房坛状，柱头扁平。雄蕊 5 枚，腹面与雌蕊贴生成合蕊柱，花药合成一环，腹面贴生于柱头基部膨大处，花丝合生成筒，称为合蕊冠，花粉块每室一个，每个花药二室，一个单花有 10 个花粉块，花粉块中的花粉粒紧密粘在一起，外包尖柔薄膜，花药上的二个花粉块由着粉腺连接（图 6 - 26）。老瓜头花粉成块，具柄。每一花药形成两个花粉块，其柄在基部合生。花粉块含花粉多数，呈长球形。

图 6 - 26　老瓜头
（罗术东　摄）

2. 生长特性及分布

老瓜头耐寒、耐热、耐旱、耐瘠，抗风沙。常见于沙漠及河边或荒山坡，垂直分布可达 2 000 米左右，在我国主要分布于内蒙古、宁夏和陕西三省交界的毛乌素沙漠及其周围各县。有"沙漠蜜库"的美称。

3. 开花与泌蜜特性

开花期通常是 5 月下旬至 7 下旬，群体花期 40 ~ 50 天，泌蜜适温 27 ~ 30℃，每群峰可产蜜 30 ~ 40 千克，丰年 50 千克以上。蜜多粉少。

二十七、柿树

1. 植物形态

别名柿子，柿树科柿树属植物。柿树为高大落叶乔木，通常高达 10 ~ 14 米以上，高龄老树有高达 27 米的。叶互生，长圆形或长圆状倒卵形。花雌雄异株，但间或有雄株中有少数雌花，雌株中有少数雄花的，花序腋生，为聚伞花序；雄花序小，长 1 ~ 1.5 厘米，弯垂，有短柔毛或绒毛，有花 3 ~ 5 朵，通常有花 3 朵；总花梗长约 5 毫米，有微小苞片；雄花小，长 5 ~ 10 毫米；花萼钟状，两面有毛，深 4 裂，裂片卵形，长约 3 毫米，有睫毛；花冠钟状，不长过花萼的两倍，黄白色，外面或两面有毛，长约 7 毫米，4 裂，裂片卵形或心形，开展，两面有绢毛或外面脊上有长伏柔毛，里面近无毛，先端钝，雄蕊 16 ~ 24 枚，着生在花冠管的基部，连生成对，腹面 1 枚较短，花丝短，先端有柔毛，花药椭圆状长圆形，顶端渐尖，药隔背部有柔毛，退化子房微小；花梗长约 3 毫米。雌花单生叶腋，长约 2 厘米，花萼绿色，有光泽，直径约 3 厘米或更大，深 4 裂，萼管近球状钟形，肉质，长约 5 毫米，直径 7 ~ 10 毫米，外面密生伏柔毛，里面有绢毛，裂片开展，阔卵形或半圆形，有脉，长约 1.5 厘米，两面疏生伏柔毛或近无毛，先端钝或急尖 4 裂，花冠管近四菱形，直径 6 ~ 10 毫米，裂片阔卵形，长 5 ~ 10 毫米，宽 4 ~ 8 毫米，上部向外弯曲；退化雄蕊 8 枚，着生在花冠管的基部，带白色，有长柔毛；子房近扁球形，直径约 6 毫米，多数具 4 棱，无毛或有短柔毛，8 室，每室有胚珠 1 颗；花柱 4 深裂，柱头 2 浅裂；花梗长 6 ~ 20 毫米，密生短柔毛（图 6 - 27）。柿树花粉粒为近球形或长球形，赤道面观为长椭圆形，极面观为 3 裂圆形。

图 6 - 27　柿树
（张中印　摄）

2. 生长特性及分布

柿树耐寒，耐旱，适应性强。柿子树南自广东北至华北北部都有栽培，大抵在北纬40°的长城以南，年平均温度在9℃，绝对低温在-20℃以上的地区均能生长。柿树喜温暖湿润气候，也耐干旱，为深根性树种，对土壤要求不严格，在山地、平原、微酸、微碱性的土壤上均能生长；也很耐潮湿土地，但以土层深厚肥沃、排水良好而富含腐殖质的中性壤土或黏质壤土最为理想。因此，我国的河北、河南、山东、山西、陕西为主产区。

3. 开花与泌蜜特性

花期5~6月，山东、河南开花期为5月上中旬，花期15~20天。相对湿度60%~80%，晴天气温20~28℃时，泌蜜量最大。意蜂每群产量可达10~20千克，蜜多粉少，有大小年。

第二节　我国重要的辅助、有毒蜜粉源植物及分布

辅助蜜源植物是指具有一定数量，能够分泌花蜜、产生花粉，能被蜜蜂采集利用，提供蜜蜂本身维持生活和繁殖之用的植物。辅助蜜源植物在我国分布区域很广，种类也很多，在蜜蜂的饲养中具有重要的作用，下表仅对一些常见、重要的辅助蜜源植物做一简要介绍。

一、我国重要的辅助蜜粉源植物及其分布（表）

表　我国重要辅助蜜粉源植物及其分布情况

编号	植物名称	别名	主要形态特征	花期	蜜、粉情况	主要分布地
1	马尾松	青松、松树、山松	长绿乔木，叶线形或针状，针叶常2或5针合成一束，螺旋状排列，穗状花序	3~4月	能产生大量花粉	主要分布于山东、南方丘陵地带
2	油松	红皮松、短叶松	长绿乔木，针叶簇生，穗状花序	4~5月	有花蜜和花粉	主要分布于东北、山西、甘肃、河北等地
3	杉木	杉	长绿乔木，叶主生于主轴，为螺旋状着生	4~5月	能产生大量花粉	主要分布于长江以南和西南各省区，河南桐柏山和安徽大别山也有分布
4	钻天柳	顺河柳	落叶乔木，叶长圆状披针形，葇荑花序，雌雄异株	5月	蜜粉较多	广泛分布于东北林区和全国各地
5	山杨	响杨、明杨	乔木，叶略为三角形，葇荑花序，雌雄异株	3~4月	蜜粉较多	广泛分布于东北、华北地区
6	杨梅	株红	常绿乔木，单叶互生，倒卵状长圆形或楔状披针形。花单性，雌雄异株。雄花序穗状，雌花序卵状长圆形	3~4月	花粉较多	主要分布于华东、广东、云南、贵州等地
7	核桃	胡桃	落叶乔木，奇数羽状复叶，葇荑花序，雌雄异株	3~4月	花粉较多	全国各地都有分布

（续表）

编号	植物名称	别名	主要形态特征	花期	蜜、粉情况	主要分布地
8	白桦	桦树、桦木、桦皮树	落叶乔木，单叶互生，卵形至阔卵形，树皮白色。花单性，雌雄同株，葇荑花序。	4~5月	花粉较丰富	主要分布于东北、西北、西南各地
9	板栗	栗子、毛栗	落叶乔木，单叶互生，叶长椭圆形。雌雄同株，单性花，雄花序穗状，直立，雌花着生于雄花序基部，花呈浅黄绿色。	5~6月	花粉丰富	在全国各地广泛分布
10	榆	白榆、家榆、榆树	落叶乔木，叶椭圆形或椭圆状披针形。花两性，多数成簇状聚伞花序。	3~5月	花粉较多	分布于东北、华北、西北、华东等地
11	鹅掌楸	马褂木	落叶乔木，叶片马褂形，花被9片，内面淡黄色，雄蕊多数。	4~6月	蜜粉较多	分布于长江以南各省
12	五味子	北五味子，山花椒	落叶藤本植物，雌雄同株或异株。	5~6月	蜜粉较多	分布于湖南、湖北、云南东北部、贵州、四川、江西、江苏、福建、山西、陕西、甘肃等地
13	莲	荷、荷花	多年生水生草本，叶片圆形，花单生于梗顶端，花大、红色、粉红或白色，雄蕊多数。	6~10月	花粉丰富	全国各地都有栽培，以南方为主
14	女桢	水蜡树、白蜡树、冬青	常绿乔木，叶对生，卵形、宽卵形或卵状披针形。圆锥花序顶生，花萼钟状，花冠白色。	6~7月	花粉丰富	分布于长江流域及以南各省区和甘肃南部
15	西瓜	寒瓜	一年生蔓生草本，叶片3深裂，裂片又羽状或2回羽状浅裂。花雌雄同株，单生，花冠黄色。	6~7月	蜜粉较多	全国各地都有栽培
16	南瓜	香瓜、饭瓜	一年生蔓生草本，叶大，圆形或心形。花雌雄同株，花冠钟状，黄色。	5~8月	花粉丰富	全国各地广泛栽培
17	黄瓜	胡瓜	一年生蔓生或攀援草本，叶片宽心状卵形。雌雄同株，花黄色。	5~8月	蜜粉丰富	全国各地都有栽培
18	甜瓜	香瓜	一年生蔓生草本，叶片近圆形或肾形，3~7浅裂。雌雄同株，花冠黄色，钟状。	6~8月	蜜粉丰富	全国各地都有栽培
19	柚子	抛栾	绿乔木，叶互生，宽卵形或卵状椭圆形。花单或数朵簇生于叶腋，花大，白色。	5~6月	蜜粉丰富	主要分布于福建、广西、云南、贵州、广东、四川、江西、湖南、湖北、浙江等地
20	臭椿	椿树	落叶乔木，单数羽状复叶互生，卵状披针形。圆锥花序顶生，花杂性，白色带绿。	5~6月	蜜粉丰富	全国各地都有分布

（续表）

编号	植物名称	别名	主要形态特征	花期	蜜、粉情况	主要分布地
21	楝树	苦楝子、森树	落叶乔木，叶互生，2~3回单数羽状复叶，小叶卵形至椭圆形。圆锥花序腋生，花紫色或淡紫色。	3~4月	蜜粉较多	分布于华北、南方各地
22	漆树	山漆、大木漆	落叶乔木，单数羽状复叶互生，圆锥花序腋生，花小，黄绿色，杂性或雌雄异株。	5~6月	蜜粉丰富	分布于湖南、湖北、四川、贵州、云南、广西、广东、福建、台湾、江西、浙江、安徽、陕西、甘肃、河南、河北和辽宁等省区
23	盐肤木	五倍子树	灌木或小乔木，单数羽状复叶互生，小叶卵形至长圆形。圆锥花序，萼片阔卵形，花冠黄白色。	8~9月	蜜粉丰富	分布于华北、西北、长江以南各地
24	栾树	栾、黑色叶树	落叶乔木，单数羽状复叶互生，有时二回或不完全的二回羽状复叶；小叶卵形或卵状披针形。圆锥花序顶生，花淡黄色，中心紫色。	6月	花粉丰富	分布于东北、华北、华东、西南、陕西、甘肃等地
25	酸枣	棘子、角针	灌木或小乔木，叶长椭圆形至卵状披针形。花黄绿色，2~3朵簇生于叶腋。	5~7月	泌蜜丰富	分布于华北、西北、内蒙古、辽宁等地
26	葡萄	草龙珠	木质藤本，叶近圆形，3~5裂。聚伞圆锥花序与叶对生，花黄绿色，花萼盘形。	5~6月	蜜粉较多	全国各地都有栽培
27	中华猕猴桃	猕猴桃、羊桃、红藤梨	藤本，单叶互生，叶片圆形、卵圆形或倒卵形。聚伞花序，花杂性，花开时白色，后转为淡黄色。	6~7月	蜜粉较多	分布于广东、广西、福建、江西、浙江、江苏、安徽、湖南、湖北、河南、陕西、甘肃、云南、贵州、四川等地
28	柽柳	西湖柳、山川柳	落叶小乔木或灌木，叶钻形或卵状披针形。圆锥花序，花小，粉红色。	7~9月	泌蜜较丰富	分布于东北、华北、及秦岭以南各省
29	萎陵菜		多年生草本，羽状复叶。聚伞花序顶生，花黄色。	5月	蜜粉较多	分布于东北、华北、西北、西南等地
30	草莓	高丽果、凤梨草莓	多年生草本，叶三出，小叶倒卵圆形或菱状卵圆形。聚伞花序，花冠白色。	12月至4月、5~6月	蜜粉丰富	全国各地都有栽培
31	苹果		落叶乔木，叶片卵圆形、卵形至宽椭圆形。伞房花序，有花3~7朵，白色。	4~6月	蜜粉丰富	主要分布于辽东半岛、山东半岛、河南、河北、陕西、山西、四川等地
32	李	李子	小乔木，叶片长圆状倒卵形或长卵圆形。花冠白色，萼筒钟状。	3~5月	蜜粉丰富	全国各地都有分布
33	杏	杏子	落叶乔木，叶互生，叶片卵圆形。花单生，白色或粉红色。	3~4月	蜜粉较多	全国各地都有分布

蜜蜂授粉与蜜粉源植物

（续表）

编号	植物名称	别名	主要形态特征	花期	蜜、粉情况	主要分布地
34	山桃	野桃、花桃	落叶乔木，单叶互生或蔟生于短枝上，叶片披针形或狭卵状披针形。花单生，粉红色或白色。	3~4月	蜜粉丰富	分布于河北、山西、山东、内蒙古、河南、陕西、甘肃、四川、贵州、湖北、江西等地
35	樱桃		乔木，叶片卵形至椭圆状卵形。花先开放，3~6朵成伞形花序或有梗的总状花序。	4月	蜜粉多	全国各地都有分布
36	梅	枝梅、酸梅、梅子	落叶乔木，少有灌木，单叶互生，叶片卵形至长圆状卵形。花单生或2朵簇生，粉红色或白色。	3~4月	蜜粉较多	分布于全国各地
37	紫穗槐	穗花槐、棉槐	落叶灌木，羽状复叶；小叶11~15枚，卵形、椭圆形或披针状椭圆形。穗状花序，花萼针状，花暗紫色或蓝紫色。	5~7月	蜜粉丰富	全国各地多有栽培，华北最多
38	槐树	中国槐、槐花树	落叶乔木，奇数羽状复叶；小叶9~15枚，卵圆形。圆锥花序顶生，花冠蝶形，黄白色。	7~8月	泌蜜丰富	分布于全国各地，华北、东北南部最多
39	大豆	黄豆	一年生草本，小叶3，菱状卵形。总状花序腋生，花萼钟状，花冠白色或淡紫色。	3~7月	能泌蜜	分布于全国各地
40	蚕豆	胡豆、南豆	一年生草本，偶数羽状复叶互生；小叶2~6对，叶片椭圆形。花1至数朵簇生于叶腋，花萼钟状，花冠白色带紫斑纹。	2~3月	蜜粉丰富	分布于我国南方各地
41	锦鸡儿	柠条	小灌木，托叶硬化成针刺状，叶轴脱落或宿存变成针刺状；小叶4，羽状排列。花单生，花萼钟状，花冠黄色。	4~5月	蜜粉丰富	分布于河北、山西、陕西、山东、江苏、湖北、湖南、江西、贵州、云南、四川、广西等省区
42	沙棘	酸刺、醋柳	落叶乔木或灌木，单叶互生或近对生，线状披针形。短总状花序生于前一年枝上，雌雄异株，花淡黄色。	3~4月	蜜粉丰富	分布于四川、陕西、山西、河北等地
43	牛奶子	甜枣、剪子股	落叶乔木，有刺，叶椭圆形至倒披针形。花先于叶开放，黄色。	5~6月	泌蜜丰富	分布于长江流域及以北各省
44	芫荽	胡荽、香菜	一年生草本，叶互生，数回羽状复叶或三出叶。复伞形花序顶生，花白色或淡紫色。	5~7月	泌蜜丰富	分布于全国各地

（续表）

编号	植物名称	别名	主要形态特征	花期	蜜、粉情况	主要分布地
45	小茴香	茴香、谷香	多年生草本，叶三至四回羽状全裂。复伞形花序，花金黄色，花盘扩展成短圆锥状花柱基。	6~7月	泌蜜丰富	分布于全国各地，山西、内蒙古、甘肃、辽宁为主产区
46	乌饭树		常绿灌木，单叶互生，椭圆状卵形、狭椭圆形或卵形。总状花序腋生，萼筒钟状，花冠白色。	5月上旬至6月中旬	蜜粉丰富	分布于江苏、浙江、安徽、江西、湖北、湖南、广东等地
47	益母草	益母蒿	一年生或二年生草本，叶对生。轮伞花序，下有刺状苞片；花萼筒状钟形；花冠粉红色至紫红色。	5~8月	蜜粉丰富	全国各地都有分布
48	薄荷	仁丹草、野薄荷	多年生草本，叶长圆状披针形至卵状披针形。轮伞花序腋生，球形，花淡紫红色，花盖平顶。	7~10月	泌蜜丰富	安徽、江西、浙江、江苏种植面积较大
49	百里香	地椒、千里香	短生半灌木，茎多分枝，匍匐或上升，红棕色。花序下有叶2~4对，卵形，有腺点。花紫红色或粉红色，花盘平顶。	6~7月	蜜粉较多	主要分布于西藏、青海、新疆以及黄河流域以及以北地区
50	枸杞	仙人仗、狗奶子	蔓生灌木，叶互生或簇生于短枝上，卵形、卵状菱形或卵状披针形。花腋生，花萼钟状，花冠漏斗状，淡紫色。	5~6月	泌蜜丰富	分布于东北、宁夏、河北、山东、江苏、浙江等地
51	梓树	臭梧桐、河楸	落叶乔木，叶对生，广卵形或近圆形。圆锥花序顶生，花多数，花冠浅黄色。	5~6月	有蜜粉	分布于长江流域及以北地区
52	水锦树	红格花树	灌木至乔木，叶对生，长椭圆形或倒卵形。圆锥花序顶生，花小，常数朵簇生；花萼钟形；花冠筒状漏斗形，白色。	3~4月	泌蜜丰富	分布于广东、广西、云南、贵州、四川
53	金银花	忍冬、双花	野生藤本，叶对生，卵形至长圆状卵形。花筒状成对腋生，花初开白色，外带紫斑，后变黄色。	5~6月	泌蜜丰富	分布于全国各地
54	蒲公英	婆婆丁	多年生草本，根生叶莲座状平展，倒披针形，羽状深裂。花黄色，总苞钟状，淡绿色；顶状头状花序。	3~5月	蜜粉丰富	全国各地都有分布
55	一枝黄花		多年生草本，单叶互生，叶片卵形或阔披针形。花冠管状，黄色；头状花序。	7~8月	有蜜	主要分布于辽宁、吉林、黑龙江等地的山区
56	大蓟	刺蓟、猫蓟	多年生草本，下部叶为羽状缺刻。紫红色管状花，聚成头状花序。	7、8月	泌蜜丰富	分布于北方各地
57	红花	怀红花、草红花、红花尾子	一年生草本，叶互生，长椭圆形或宽披针形。头状花序顶生，排成伞房状，花冠橘红色。	6~7月	蜜粉丰富	我国大部分地区都有栽培，西北五省分布较多
58	棕榈	棕树、山棕	乔木，叶簇生于梢端，掌状深裂。肉穗花序排成圆锥状，花小，黄白色，雌雄异株。	4~6月	蜜粉丰富	分布于我国长江以南各省及台湾、海南、陕西、甘肃等地

二、我国几种有毒蜜粉源植物及其分布

有一些蜜源植物所产生的花蜜、蜜露或花粉，能使人或蜜蜂出现中毒症状，这些植物称为有毒蜜源植物。

有毒蜜源植物因种类不同，毒素种类和含量也有差异。蜜蜂采酿的毒蜜，有的毒性大，有的毒性小，有的对蜜蜂有毒害而对人无害，如油茶蜜等；有的对人有毒而对蜜蜂无毒害，如南烛蜜、雷公藤蜜等。

毒蜜的产生通常是某地区某季节在采集利用蜜源植物中，刚好有毒蜜源植物也在此间开花泌蜜，而且在一定条件下泌蜜丰富，使蜜蜂也去采集，导致所生产的蜂蜜中混入大量的毒蜜；或是外界蜜粉源缺乏，或因气候条件影响，使原来无毒的蜜源植物泌蜜量减少，而有毒蜜源植物泌蜜量增加，促使蜜蜂前去采集而产生毒蜜。

蜜蜂采食一些种类的有毒蜜源植物的花蜜和花粉，会使幼虫、成年蜂和蜂王发病、致残和死亡，给养蜂生产造成损失；人误食一些种类的有毒蜜源植物蜂蜜和花粉后，会出现低热、头晕、恶心、呕吐、腹痛、四肢麻木、口干、食道烧灼痛、肠鸣、食欲不振、心悸、眼花、乏力、胸闷、心跳急剧、呼吸困难等症状，严重者可导致死亡。

毒蜜大多呈深琥珀色，或呈黄、绿、蓝、灰色，有不同程度的苦、麻、涩味道。可通过花粉鉴定、层析法进行判定，可通过动物试验测定出其毒性的大小。大部分有毒蜜源植物的开花期在夏秋季节，放蜂时应力求避开有毒蜜源植物的分布地。

1. 雷公藤

形态特征：别名黄蜡藤、菜虫药、断肠草，卫矛科藤本灌木。单叶互生，卵形至宽卵形，边缘小锯齿状。聚伞圆锥花序，顶生或腋生，被锈毛，花小，黄绿色。

分布：主要分布在长江以南各地山区以及华北至东北各地山区，多生长于荒山坡及山谷灌木丛中。

花期：雷公藤为夏季开花植物，在湖南南部及广西北部山区花期为6月下旬，云南等地花期稍晚，为6月中旬至7月中旬。

蜜蜂采集雷公藤酿成的蜜呈深琥珀色，味苦而带涩味，含有害物质"雷公藤碱"，人不可食用。

2. 紫金藤

形态特征：别名大叶青藤、昆明山海棠。卫矛科，藤状灌木。单叶互生，椭圆形或阔卵形。花小，淡黄白色，顶生或腋生，大型圆锥花序。

分布：主要分布于长江流域以南各省区至西南各省区，生于向阳荒坡及疏林间。

花期：云南7月中旬至8月中旬，湖南城步和广西龙胜6~7月开花。

泌蜜特点：蜜多粉少，花蜜中含有雷公藤碱，蜜呈深琥珀色，有苦涩味。

3. 藜芦

形态特征：别名大藜芦、山葱、老汉葱，百合科多年生草本，高约1米。叶互生，基生叶阔卵形。复总状圆锥花序，花絮轴中部以上为两性花，下部为雄花，花冠暗紫色。

分布：主要分布在东北林区的林缘、山坡和草甸，河北、山东、内蒙古、甘肃、新疆、四川也有分布。

花期：在东北林区为6~7月。

植株含有多种藜芦碱，蜜蜂采食后发生抽搐、痉挛，有的采集蜂来不及返巢就死亡，带回巢的花蜜和花粉还会引起幼蜂和蜂王中毒，造成群势急剧下降，对后期椴树蜜的生产造成影响。

4. 苦皮藤

形态特征：别名苦皮树、马断肠，卫矛科藤本状灌木，单叶互生，叶片革质，矩圆状宽卵形或近圆形。聚伞圆锥花序顶生，花黄绿色。

分布：主要分布于陕西、甘肃、河南、山东、安徽、江苏、江西、福建北部、广东、广西、湖南、湖北、四川、贵州、云南东北部等省、自治区。在甘肃、陕西等地常生于山坡丛林及灌木丛中。适应性较强，喜温暖、湿润环境，较耐干旱。在秦岭、陇山南段、乔山和子午岭等山区分布数量较多。

花期：5~6月开花，花期20~30天，比陕甘两地的主要蜜源白刺花晚15~20天，两种植物开花期首尾相接。

苦皮藤花蜜和花粉有毒，对成年蜂和幼虫都有伤害，尤其是雨过天晴，白刺花花期结束，中毒现象更为严重。蜜蜂采食后腹部胀大，身体痉挛，尾部变黑，吻伸出呈钩状死亡。因此，在白刺花末期应及时将蜂群转移到别的蜜源场地。

5. 博落回

形态特征：别名野罂粟、号筒秆，罂粟科多年生草本，叶互生，一般为阔卵形。圆锥花序，花黄绿色而有白粉；雄蕊多数，灰白色。花粉粒呈灰白色，球形，直径 15.4～23.3 微米。外壁表面具细网状雕纹。蜜少粉多。花蜜和花粉对人和蜜蜂都有剧毒。

分布：博落回在我国淮河以南各省区及西北地区、太行山区均有分布，多生长在丘陵、低山草地和林缘，如湖南、湖北、江西、浙江和江苏等省均有分布。

花期：在云南 6 月上旬至 7 月上旬开花散粉，在广西龙胜 6～7 月开花，而河南则在 6 月下旬至 7 月中旬开花。

茎汁有剧毒，花粉对幼虫有危害。

6. 乌头

形态特征：毛茛科多年生草本。别名草乌、老乌。叶互生，叶片五角形，长 6～12 厘米，宽 10～15 厘米，三深裂近达基部，两侧裂片再二裂，上部再浅裂。总状花序顶生或腋生，萼片花瓣状，青紫色，上方萼片盔状，两侧萼片近圆形；雄蕊多数。

分布：主要分布于东北、华北、西北和长江以南各地的山坡、林缘、草地、沟边和路旁。

花期：花期 7～9 月。

花蜜和花粉对蜂均有毒。

7. 羊踯躅

形态特征：杜鹃花科落叶灌木，别名闹羊花、黄杜鹃、老虎花。叶长椭圆形至长圆状披针形，下面密生灰白色柔毛。伞形花序顶生，有花 5～12 朵，花冠黄色，阔漏斗形。

分布：主要分布于江苏、浙江、江西、湖南、湖北、四川、云南等省。

花期：开花期 4～5 月。

羊踯躅有蜜有粉，对蜜蜂和人都有害。

8. 八角枫

形态特征：别名包子树、勾儿花、白金条，八角枫科落叶灌木或小乔木。叶互生，长圆形或卵圆形。二歧聚伞花序腋生，有花 3 ～ 30 朵。花瓣初时白色，后变成黄色。

分布：主要分布于台湾、海南、广东、广西、云南、四川、贵州、湖北、湖南、河南、江西、福建、浙江、江苏、安徽、陕西、甘肃等省、自治区。

花期：开花期 6 ～ 9 月。

有蜜有粉，蜜粉有小毒。

9. 钩吻

形态特征：马钱科常绿藤本，别名胡蔓藤、断肠草。叶对生，卵状长圆形至卵状披针形。聚伞花序顶生或腋生，花小，黄色，花冠漏斗状。

分布：主要分布于广东、海南、广西、云南、贵州、湖南、福建、浙江等地。

花期：开花期 10 ～ 12 月或至次年 1 月，花期长 60 ～ 80 天 。

蜜粉丰富，全株剧毒。

10. 曼陀罗

形态特征：别名醉心草、狗核桃，茄科直立草本。单叶互生，阔卵形。花常单生于茎枝或分叉间，或腋间，直立；花萼筒状，花冠白色或紫色，漏斗状。

分布：主要分布于东北、华东、华南等地。

花期：花期 6 ～ 10 月。

花蜜和花粉对蜜蜂都有毒。

11. 油茶

形态特征：山茶科常绿灌木或小乔木，别名茶籽树、茶油树。单叶互生，革质，椭圆形、卵状椭圆形或倒卵状长圆形，边缘有细锯齿。花白色，1 ～ 3 朵，腋生或顶生。

分布：油茶喜温暖湿润气候，适酸性土壤，平原、山地和丘陵均宜。主要分布于湖南、湖北、江西、浙江、福建、广东、广西和四川等省、自治区。

花期：开花期 9 ～ 12 月，花期长达 50 ～ 60 天。

泌蜜特点：蜜粉十分丰富，但其蜜粉对蜜蜂有害，造成烂籽和成年蜂死亡。研究证明，蜜蜂采食油茶蜜中毒的原因是棉子糖、水苏糖中的半乳糖，造成蜜蜂消化和代谢障碍所致。

12. 喜树

形态特征：别名旱莲木、千仗树，紫树科落叶乔木。叶互生，纸质，全缘或呈波状。花单性同株，多排成头状花序，雌花顶生，雄花腋生，花被淡绿色。

分布：主要分布于浙江、江西、湖北、湖南、四川、云南、贵州、广西、广东、福建等省、自治区。

花期：浙江温州的开花期为 7~8 月。

蜜粉有毒。蜜蜂采食后，对蜂群危害严重，造成群势集聚下降。

13. 狼毒

形态特征：瑞香科多年生草本，别名断肠草、拔萝卜、燕子花。叶互生，无柄，叶椭圆形或椭圆状披针形，全缘。头状花序，花被筒紫红色，上端 5 裂片，白色或黄色，有紫红色脉纹。

分布：主要分布于辽宁、吉林、黑龙江、内蒙古、河北、河南、山西、甘肃、青海、宁夏、四川、云南、贵州、西藏等省、自治区。

花期：开花期 5~7 月。

全株含有植物碱和无水酸，剧毒。有蜜有粉，蜜粉对蜜蜂和人都有毒。

14. 马桑

形态特征：马桑科马桑树落叶有毒灌木，一般株高 1.5~2.5 米，高的能达 6 米。一般枝条斜展，幼枝有棱，紫红色，无毛。单叶对生，纸质至薄革质，多数紫色，椭圆形至宽椭圆形，长 2.5~8 厘米，顶端急尖，基部近圆形，全缘，两面都无毛或仅下面沿脉有细毛，基出 3 主脉，叶柄粗，长 1~3 毫米，总状花序，侧生于前年枝上，长 4~6 厘米，花杂性，春季开绿紫色小花。雄花序先叶开放，萼片及花瓣各 5，雄蕊 10，心皮 5，分离。

分布：主要分布在华北、西北、西南及华中海拔在 400~2 100 米的灌木丛中。

花期：开花期 3~5 月。

主要参考文献

[1] 安建东，李磊，孙永深，等．熊蜂为温室西红柿授粉的效果研究［J］．蜜蜂杂志，2001，9：3-5．

[2] 安建东，吴杰，彭文君，等．明亮熊蜂和意大利蜜蜂在温室桃园的访花行为和传粉生态学比较［J］．应用生态学报，2007，18（5）：1 071-1 076．

[3] 陈文锋，安建东，董捷，等．不同蜂在温室草莓园的访花行为和传粉生态学比较［J］．生态学杂志，2011，30（2）：290-296．

[4] 陈盛禄．中国蜜蜂学［M］．北京：中国农业出版社，2001．

[5] 国占宝，安建东，彭文君，等．熊蜂和蜜蜂为日光温室甜辣椒授粉的研究［J］．中国养蜂，2005，56（10）：8-9．

[6] 贺学礼．植物学［M］．高等教育出版社，2004．

[7] 胡适宜．被子植物胚胎学［M］．高等教育出版社，1982．

[8] 金水华，魏文挺，易松强，等．平湖地区油菜蜜蜂授粉效果的研究［J］．蜜蜂杂志，2011，8：1-3．

[9] 李晓峰．蜜蜂为猕猴桃授粉效果初报［J］．养蜂科技，2002，3：4-5．

[10] 马德风，梁诗魁．我国重要蜜粉源植物及其利用［M］．北京：农业出版社，1993．

[11] 马志峰，王智民，王荣花，等．大棚吊蔓西瓜壁蜂授粉效果的研究［J］．北方园艺，2011（21）：29-31

[12] 邵有全．蜜蜂授粉［M］．山西科学技术出版社，2001．

[13] 邵有全，祁海萍．果蔬授粉增产技术［M］．金盾出版社，2010．

[14] 孙建设，王海英，雷宏典，等．壁蜂传粉对红富士苹果坐果及品质的影响［J］．河北林果研究，1999，14（4）：316-319．

[15] 王勇．蜂业与生态［M］．中国农业科学技术出版社，2009．

[16] 吴杰．授粉昆虫与授粉增产技术［M］．中国农业出版社，2004．

[17] 吴杰．蜜蜂学［M］．中国农业出版社，2012．

[18] 徐万林．中国蜜粉源植物［M］．黑龙江科学技术出版社，1996．

[19] 吴美根，陈莉莉．蜜蜂为砀山酥梨授粉增产研究初报［J］．中国蜂业，1984，6：7-10．

[20] 周伟儒．果树壁蜂授粉技术［M］．金盾出版社，1999．